SOLUTIONS DES PROBLÈMES

DE

L'ARITHMÉTIQUE ÉLÉMENTAIRE

OUVRAGES DU MÊME AUTEUR

Géométrie élémentaire, *année préparatoire*, commencement de la Géométrie plane. 1 vol. in-12. 1 fr. »

Géométrie élémentaire, *première année*, suite et fin de la Géométrie plane. 1 vol. in-12. 2 fr. 50

Géométrie élémentaire, *deuxième année*, Géométrie dans l'espace. 1 vol. in-12. 2 fr. »

Notions sur les courbes usuelles, *quatrième année*, 1 vol. in-12. 2 fr. »

Arithmétique élémentaire, à l'usage de tous les établissements d'instruction primaire, contenant un grand nombre de problèmes et d'exercices. 1 vol. in-12. 1 fr. 50

3075. Abbeville. — Imprimerie Briez, C. Paillart et Retaux.

SOLUTIONS

DES

PROBLÈMES

DE

L'ARITHMÉTIQUE ÉLÉMENTAIRE

PAR

H. BOS

ANCIEN ÉLÈVE DE L'ÉCOLE NORMALE SUPÉRIEURE
INSPECTEUR D'ACADÉMIE

PARIS

LIBRAIRIE CH. DELAGRAVE

58, RUE DES ÉCOLES, 58

—

1875

SOLUTIONS DES PROBLÉMES

DE

L'ARITHMÉTIQUE ÉLÉMENTAIRE

LIVRE I

NOMBRES ENTIERS.

CHAPITRE PREMIER.

NUMÉRATION.

1. Le mille, le million, la centaine, la dizaine de millions.

2. Le 3e, le 5e, le 8e.

3. 27 ; 40 ; 94 ; 300 ; 659 ; 870 ; 206 ; 503 ; 982 ; 999.

4. Trente-six ;
Quarante-cinq ;
Quatre-vingt-sept ;
Soixante ;
Quatre cents ;
Trois cent dix-neuf ;
Sept cent quarante-huit ;
Six cent quinze ;
Huit cent un ;
Sept cent sept ;
Six cent soixante-dix ;
Quatre cent quatre-vingt-dix.

5. 2545; 8972; 6260; 5304; 4092; 7300; 6008; 14000; 29856; 63712 ; 539064 ; 800324 ; 919000 ; 3545846 ; 17000000 ; 52030005 ; 830014000; 218000003; 7911732017; 52000240500.

6. Trois mille quatre cent cinquante-deux ;
Six mille dix-neuf ;
Quatre mille ;
Huit mille cinq cent sept ;
Seize mille ;
Vingt mille quatre cent cinq ;
Cinquante-six mille huit ;
Quatre-vingt mille trois ;
Soixante mille deux ;
Huit cent cinquante mille soixante-seize ;
Sept cent mille cinquante;
Trois millions six cent quatre mille huit cent trente-
     deux ;
Neuf millions ;
Un million quatre cent huit mille sept cents ;
Vingt-huit millions ;
Cinquante millions trois cent deux mille quatre-vingts ;
Trois cent millions sept mille huit ;
Huit billions cinq millions six mille sept.

7. Le mille, la centaine de mille, le billion, la dizaine de millions.

8. 6 chiffres, 8 chiffres, 10 chiffres.

9. Dans le nombre 65815, il y a 6581 dizaines, 658 centaines, 65 mille, 6 dizaines de mille.
Dans le nombre 608435, il y a 60843 dizaines, 6084 centaines, 608 mille, 60 dizaines de mille, 6 centaines de mille.
Dans le nombre 3547816, il y a 354781 dizaines, 35478 centaines, 3547 mille, 354 dizaines de mille, 35 centaines de mille, 3 millions.

10. 2800; 450; 2160000; 4300000.

CHAPITRE II.

ADDITION DES NOMBRES ENTIERS.

1. 7 et 29... 36 ; 6 et 342... 348 ; 8 et 957... 965; 5 et 363... 368 ; 4 et 2927... 2931 ; 9 et 845 .. 854; 3 et 245... 248.

2. 234 ; 982 ; 1781 ; 4203 ; 27435 ; 20891 ; 206086 ; 2257743 ; 1650834 ; 19433.

3. $20 + 35 + 48 = 103$ élèves.

4. $21 + 20 + 18 = 59$ marches.

5. 15333 kilomètres.

6. 178000 tonnes.

7. 3139912 habitants.

8. 852 kilomètres.

9. La population est de 372589 habitants, et la superficie de 710569 hectares.

10. 6030920 naissances.

11. 5193282 décès.

12. 15566000 hectares.

13. 10442000 tonnes.

CHAPITRE III

SOUSTRACTION DES NOMBRES ENTIERS.

1. 9 de 16... 7 ; 17 de 25... 8 ; 37 de 43... 6 ; 69 de 73... 4 ; 28 de 35... 7 ; 18 de 27... 9.

2. 221 ; 453 ; 2351 ; 15224 ; 215237 ; 403323.

3. 272 ; 269 ; 769 ; 3158 ; 35582 ; 21187 ; 215879 ; 31776 ; 8677934 ; 2771334.

4. Le plus grand nombre est égal à l'excès de 5815 sur 1978, c'est-à-dire à 3837.

5. Le reste 458, ajouté au plus petit nombre, doit donner le plus grand 975 ; donc le plus petit nombre est égal à $975 - 458 = 517$.

6. $514^f - 176^f = 338$ francs.

7. $1821 - 1769 = 52$ ans.

8. De $38007094 - 31858937 = 6148157$ habitants.

9. De $6030920 - 5193282 = 837638$ habitants.

10. $315^{Km} - 113^{Km} = 202$ kilomètres.

11. 2825 — 452 = 2373 millions.

12. 15720 — 427 = 15293 kilomètres.

13. 8840 — 4815 = 4025 mètres.

CHAPITRE IV.

MULTIPLICATION DES NOMBRES ENTIERS.

1. 135 ; 1956 ; 2508 ; 65436 ; 421160 ; 31700 ; 4393000 ; 507000 ; 243760000 ; 3446280 ; 10152 ; 134784 ; 241380 ; 520248 ; 3711100 ; 40385955 ; 195635648 ; 161499492 ; 438259145512 ; 6784000 ; 1513600000 ; 388608000000.

2.

1	346	8954	56395
2	692	17908	112790
3	1038	26862	169185
4	1384	35816	225580
5	1730	44770	281975
6	2076	53724	338370
7	2422	62678	394765
8	2768	71632	451160
9	3114	80586	507555

3. $21^f \times 64 = 1344$ francs.

4. $60^m \times 24 = 1440$ minutes.

5. Dans une heure, il y a $60^s \times 60 = 3600$ secondes ; dans un jour, il y a $3600^s \times 24 = 86400$ secondes.

6. $25 \times 20 = 500$ feuilles.

7. $25^{gr} \times 427 = 10675$ grammes.

8. $45^{Km} \times 14 = 630$ kilomètres.

9. $340^m \times 7 = 2380$ mètres.

10. $915^{gr} \times 424 = 387960$ grammes.

11. $638^M \times 23280 = 14852640$ myriamètres.

12. La lumière parcourt :

En 1 minute,	74500 × 60 =	4470000 lieues,
En 1 heure,	4470000 × 60 =	268200000 lieues,
En 1 jour,	268200000 × 24 =	6436800000 lieues,
En 1 an,	6436800000 × 365 =	2349432000000 lieues.

13. $245 \times 5681 = 1391845$ habitants.

14. Sur une terre de 12 hectares, on récoltera $28^{Hl} \times 12 = 336$ hectolitres de blé ; le poids de ce blé sera $75^{Kg} \times 336 = 25200$ kilogrammes ; sa valeur sera $19^{f} \times 336 = 6384$ francs.

15. $247^{lit.} \times 38067064 = 9402564808$ litres.

CHAPITRE V.

DIVISION DES NOMBRES ENTIERS.

1. Le 6° de 54 est 9 ; le 7° de 28 est 4 ; le 5° de 30 est 6 ; le 8° de 56 est 7 ; le quart de 32 est 8 ; le 9° de 36 est 4.

2. 6 est contenu 8 fois dans 48 ; 5 est contenu 8 fois dans 40 ; 8 est contenu 9 fois dans 72 ; 7 est contenu 5 fois dans 35.

3.

Dividendes.	Diviseurs.	Quotients.	Restes.
59	7	8	3
46	5	9	1
69	8	8	5
37	8	4	5
52	9	5	7
17	3	5	2
34	6	5	4

4.

Dividendes.	Diviseurs.	Quotients.	Restes.
347	69	5	2
628	96	6	52
872	164	5	52
9347	1237	7	688
15614	2835	5	1439
62747	9319	6	6833
747815	134216	5	76735
5412315	732815	7	282610

5.

Dividendes.	Diviseurs.	Quotients.	Restes.
2985	17	175	10
3475	57	60	55
87417	75	1165	42
346709	86	4031	43
52614	845	62	224
317749	2034	156	445
6315827	4283	1474	2685
8412365	7438	1130	7425
21085431	2379	8863	354
5394715	24316	221	20879
80793651372	716274	112797	92994

6.

Dividendes.	Diviseurs.	Quotients.	Restes.
31469253	2	15734626	1
id.	3	10489751	0
id.	4	7867313	1
id.	5	6293850	3
id.	6	5244875	3
id.	7	4495607	4
id.	8	3933656	5
id.	9	3496583	6
523780946	2	261890473	0
id.	3	174593648	2
id.	4	130945236	2
id.	5	104756189	1
id.	6	87296824	2
id.	7	74825849	3
id.	8	65472618	2
id.	9	58197882	8
4567890123	2	2283945061	1
id.	3	1522630041	0
id.	4	1141972530	3
id.	5	913578024	3
id.	6	761315020	3
id.	7	652555731	6
id.	8	570986265	3
id.	9	507543347	0
27182818289	2	13591409144	1
id.	3	9060939429	2
id.	4	6795704572	1
id.	5	5436563657	4
id.	6	4530469714	5
id.	7	3883259755	4
id.	8	3397852286	1
id.	9	3020313143	2

7.

Dividendes.	Diviseurs.	Quotients.	Restes·
53840	7500	7	1340
423800	70000	6	3800
2340000	32000	73	4000
347000	5250	66	500
3854600	5000	770	4600
75000000	150000	500	0
2967000000	6340000	467	6220000

8. Il faut chercher combien de fois 7 jours sont contenus dans 365 jours, et pour cela, diviser 365 par 7, ce qui donne 52 pour quotient et 1 pour reste. L'année contient donc 52 semaines et 1 jour.

9. En divisant 3468075 par 60 on aura le nombre de minutes; en divisant ce nombre de minutes par 60, on aura le nombre d'heures ; en divisant enfin ce nombre d'heures par 24, on aura le nombre de jours. Voici ces divisions :

$$
\begin{array}{c|c}
3468075^{\mathrm{s}} & 60 \\
468 & \begin{array}{c|c} 57801^{\mathrm{m}} & 60 \\ 380 & \begin{array}{c|c} 963^{\mathrm{h}} & 24 \\ 3^{\mathrm{h}} & 40^{\mathrm{j}} \end{array} \\ 201 & \\ 21^{\mathrm{m}} & \end{array} \\
480 & \\
075 & \\
15^{\mathrm{s}} &
\end{array}
$$

3468075 secondes valent 40 jours 3 heures 21 minutes 15 secondes.

10. Il faut diviser 4617 par 75, ce qui donne pour quotient 61 et pour reste 42 ; la voiture contient donc plus de 61 et moins de 62 hectolitres de blé.

11. Il faut partager 931 kilomètres en 21 parties égales, c'est-à-dire diviser 931 par 21, ce qui donne 44 kilomètres, et il reste 7 kilomètres à partager en 21 parties égales ; le train fait donc plus de 44 kilomètres et moins de 45 kilomètres à l'heure.

12. Il gagnera par mois le douzième de 4275 francs, ou 355 francs environ, et par jour, la 365e partie de 4275 francs, c'est-à-dire, plus de 11 francs et moins de 12 francs.

13. La 140e partie de 420 francs, ou 3 francs.

14. La 252e partie de 7813 francs, ou 31 francs, à 1 franc près.

15. Il suffit de chercher combien de fois 24 kilomètres sont contenus dans 864 kilomètres, c'est-à-dire de diviser 864 par 24, ce qui donne pour quotient exact 36 ; ce train mettra donc 36 heures à parcourir la distance de Paris à Marseille.

16. Il faut diviser 5700 par 228, ce qui donne 25 exactement.

17. Le nombre d'heures sera le quotient de 800000 divisé par 3600, c'est-à-dire 222 heures, à une heure près.

18. Cette valeur est le quotient de 129950000 divisé par 11300000, c'est-à-dire plus de 11 francs et moins de 12 francs.

19. Il faut diviser 38067064 par 5430, ce qui donne plus de 7010 et moins de 7011 habitants.

20. La consommation de vin s'obtient en prenant la 1825274e partie de 360900000 litres, ce qui donne 197 litres environ ; la consommation de viande s'obtient de même en divisant 148027000 kilogrammes par 1825274, ce qui donne 81 kilogrammes environ.

PROBLÈMES DE RÉCAPITULATION SUR LES QUATRE RÈGLES DES NOMBRES ENTIERS.

1. Le montant de ses dépenses est $70 + 32 + 4$ ou 106 francs ; il lui reste donc $159 - 106$ ou 53 francs.

2. Du 14 au 31 mars, il y a $31 - 14$ ou 17 jours ; alors du 14 mars au 27 juin, il y aura :
$$17 + 30 + 31 + 27 = 105 \text{ jours.}$$

3. Du 12 au 30 avril, il y a $30 - 12$ ou 18 jours ; du 12 avril au 31 mai, il y aura $18 + 31$ ou 49 jours ; la différence entre 78 et 49 est égale à 29 ; donc le pont a été terminé le 29 juin.

4. 7 semaines font 49 jours ; le mois d'avril ayant 30 jours, la Pentecôte tombera $49 - 30$ ou 19 jours après le 30 avril, c'est-à-dire le 19 mai.

5. L'encaisse à la fin de la journée sera :
$$6745 + 455 + 81 + 154 + 872 - 752 - 1145 - 200$$
ou 6210 francs.

6. La superficie du sol cultivé est :
$$265680 + 121670 + 23200 + 89670$$
ou 500220 kilomètres carrés ; la partie du sol non cultivée a une superficie de :
$$543051 - 500220 = 42831 \text{ kilomètres carrés.}$$

7. Louis XIV est mort à $72 + 5$ ou 77 ans ; la date de sa naissance est donc $1715 - 77$ ou 1638.

8. 5 heures valent 60×5 ou 300 minutes ; 5 heures 48 minutes valent donc $300 + 48$ ou 348 minutes ; 348 minutes valent 60×348 ou 20880 secondes ; et enfin 5 heures 48 minutes 13 secondes valent $20880 + 13$ ou 20893 secondes.

9. $37 \times 5 + 10 \times 4 = 185 + 40 = 225$ millimètres.

10. Le poids de toutes ces pièces est :
$$25 \times 147 + 10 \times 248 + 5 \times 667 = 3675 + 2480 + 3335 = 9490 \text{ grammes.}$$

Leur valeur est :
$$5 \times 147 + 2 \times 248 + 667 = 735 + 496 + 667 = 1898 \text{ francs.}$$

11. $7352 \times 15 + 12350 = 110280 + 12350 = 122630$ grammes.

12. Les 7 kilogrammes de thé à 16 francs le kilogramme

valent 16×7 ou 112 francs ; le reste du thé vaut donc 268 — 112 ou 156 francs, et comme le kilogramme de ce thé vaut 12 francs, il y en aura autant de kilogrammes que de fois 12 est contenu dans 156, c'est-à-dire, 156 : 12 ou 13 kilogrammes.

13. Le nombre d'hectolitres de blé qui restent, après qu'on a déduit la semence, est :

$$109460000 - 12160000 = 97300000 \text{ hectolitres.}$$

A raison de 75 kilogrammes par hectolitre, leur poids est :

$$75 \times 97300000 = 7297500000 \text{ kilogrammes ;}$$

à raison de 19 francs par hectolitre, leur valeur est :

$$19 \times 97300000 = 1848700000 \text{ francs.}$$

14. En 365 jours, il ne pourra dépenser que 1800 — 450 ou 1350 francs ; en un jour, il devra dépenser 365 fois moins, c'est-à-dire 1350^{f} : 365 ou plus de 3 francs et moins de 4 francs.

15. Le poids d'un milliard de francs en argent est :

$$1000000000 : 200 = 5000000 \text{ kilogrammes.}$$

Le nombre de wagons nécessaire pour transporter ce poids serait :

$$5000000 : 10000 = 500.$$

Enfin le nombre de trains serait :

$$500 : 25 = 20.$$

16. 42 stères de bois coûtent 19×42 ou 798 francs ; c'est aussi le prix de 266 hectolitres de charbon : donc l'hectolitre de ce charbon vaut 798 : 266 ou 3 francs.

17. Le production totale de la France en blé a été, en 1862, de

$$14 \times 7457000 = 104398000 \text{ hectolitres ;}$$

le poids de ce blé est :

$$75 \times 104398000 = 7829850000 \text{ kilogrammes ;}$$

pour connaître la consommation moyenne de chaque habitant, il suffit de diviser le nombre précédent par 37382225, ce qui donne 209 kilogrammes environ.

18. La durée du chauffage est de :

$$15 + 31 + 31 + 28 + 31 = 136 \text{ jours ;}$$

chaque jour on brûle autant d'hectolitres de houille que de fois 3 francs sont contenus dans 48 francs, c'est-à-dire 48 : 3 ou 16 hectolitres ; en 136 jours on brûlera

$$16 \times 136 = 2176 \text{ hectolitres ;}$$

1.

la valeur de cette quantité de houille sera :

$$48 \times 136 = 6528 \text{ francs.}$$

19. De 1821 à 1856, il s'est écoulé 35 ans ; et pendant cette période, la population s'est accrue de :

$$36039364 - 30461875 = 5577489 \text{ habitants ;}$$

l'accroissement annuel s'obtiendra en divisant 5577489 par 35, ce qui donne 159356 à une unité près.

20. Je réduis d'abord en secondes la durée d'une lunaison et celle d'une année : 29 jours valent 24×29 ou 696 heures, et 29 jours 12 heures valent $696 + 12$ ou 708 heures ; 708 heures valent 60×708 ou 42480 minutes, et 29 jours 12 heures 44 minutes valent $42480 + 44$ ou 42524 minutes ; 42524 minutes valent 60×42524 ou 2551440 secondes ; enfin 29 jours 12 heures 44 minutes 3 secondes valent $2551440 + 3$ ou 2551443 secondes. De même, 365 jours 5 heures valent :

$$24 \times 365 + 5 = 8765 \text{ heures ;}$$

365 jours 5 heures 48 minutes valent :

$$60 \times 8765 + 48 = 525948 \text{ minutes ;}$$

enfin 365 jours 5 heures 48 minutes 48 secondes valent :

$$60 \times 525948 + 48 = 31556928 \text{ secondes ;}$$

19 ans vaudront 19 fois plus, ou :

$$31556928 \times 19 = 599581632 \text{ secondes.}$$

Autant de fois ce nombre contiendra la durée d'une lunaison, ou 2551443 secondes, autant il y aura de lunaisons dans 19 ans ; il faut donc diviser 599581632 par 2551443, ce qui donne 234 avec un reste presque égal au diviseur ; donc 19 années comprennent tout près de 235 lunaisons ; la différence n'est que de 6473 secondes ou 1 heure 47 minutes 53 secondes.

LIVRE II

FRACTIONS ORDINAIRES.

CHAPITRE PREMIER.

NUMÉRATION ET PRINCIPES GÉNÉRAUX.

1. $\dfrac{5}{12}$; $\dfrac{14}{30}$; $\dfrac{8}{15}$; $\dfrac{11}{28}$; $\dfrac{45}{69}$; $\dfrac{57}{101}$; $\dfrac{29}{648}$; $\dfrac{216}{321}$; $\dfrac{6436}{820}$; $\dfrac{52839}{2547968}$; $\dfrac{742509}{1300019}$.

2. Sept quinzièmes ;
Quatre-vingt-trois soixante-et-unièmes ;
Cinquante-neuf quatre-vingt-quatorzièmes ;
Quatre-vingts cinq cent neuvièmes ;
Cent soixante-quinze huit cent cinquante-neuvièmes ;
Deux cent quarante-cinq soixante-treizièmes ;
Quatre cent vingt-six mille neuf cents vingt septièmes ;
Sept mille trois cent vingt-huit quarante-deux mille
    neuf cent quinzièmes ;
Dix-sept un million six cent treize mille quatre cent
    dix-neuvièmes ;
Trois cent quarante-six mille neuf cent vingt-sept sept
    millions huit cent quarante-cinq mille treizièmes ;
Vingt-huit mille six cent quatorze vingt millions six cent
    quatorze mille huit cent onzièmes.

3. 1° $\dfrac{3}{28}$, $\dfrac{14}{28}$, 1, $\dfrac{109}{28}$, $\dfrac{245}{28}$;
    2° $\dfrac{17}{68}$, $\dfrac{17}{19}$, 1, $\dfrac{17}{14}$, $\dfrac{17}{5}$, $\dfrac{17}{3}$.

4. $5 : 9 = \dfrac{5}{9}$;

$8 : 6 = 1\dfrac{2}{6}$;

$4 : 11 = \dfrac{4}{11}$;

$39 : 72 = \dfrac{39}{72}$;

$207 : 36 = 5\dfrac{27}{36}$;

$419 : 11 = 38\dfrac{1}{11}$;

$875 : 19 = 46\dfrac{1}{19}$;

$2954 : 747 = 3\dfrac{713}{747}$;

$43195 : 200 = 215\dfrac{195}{200}$;

$147814 : 7619 = 19\dfrac{3053}{7619}$;

$2319954 : 836 = 2775\dfrac{54}{836}$;

$1237749 : 9356 = 132\dfrac{2757}{9356}$;

$100000000 : 31416 = 3183\dfrac{2872}{31416}$.

5. $\dfrac{47}{8} = 5\dfrac{7}{8}$;

$\dfrac{591}{13} = 45\dfrac{6}{13}$;

$\dfrac{4317}{25} = 172\dfrac{17}{25}$;

$\dfrac{29456}{100} = 294\dfrac{56}{100}$;

$\dfrac{6047}{28} = 215\dfrac{27}{28}$;

$\dfrac{326447}{745} = 438\dfrac{137}{745}$;

$$\frac{748615}{204} = 3669\frac{139}{204};$$

$$\frac{45678}{12745} = 3\frac{7443}{12745};$$

$$\frac{8147653}{215739} = 37\frac{165310}{215739};$$

$$\frac{264895321}{7108} = 37267\frac{1485}{7108}.$$

6.
$$\frac{5 \times 3}{8} = \frac{15}{8} = 1\frac{7}{8};$$

$$\frac{4 \times 9}{7} = \frac{36}{7} = 5\frac{1}{7};$$

$$\frac{8 \times 17}{13} = \frac{136}{13} = 10\frac{6}{13};$$

$$\frac{14 \times 736}{29} = \frac{10304}{29} = 355\frac{9}{29};$$

$$\frac{8 \times 7}{61} = \frac{56}{61};$$

$$\frac{17 \times 60}{40} = \frac{1020}{40} = 25\frac{20}{40};$$

$$\frac{214 \times 8347}{8917} = \frac{1786258}{8917} = 200\frac{2858}{8917}.$$

7.
$$\frac{225}{36:6} = \frac{225}{6} = 37\frac{3}{6};$$

$$\frac{109}{84:4} = \frac{109}{21} = 5\frac{4}{21};$$

$$\frac{47}{105:5} = \frac{47}{21} = 2\frac{5}{21};$$

$$\frac{71}{204:3} = \frac{71}{68} = 1\frac{3}{68};$$

$$\frac{319}{2512:8} = \frac{319}{314} = 1\frac{5}{314};$$

$$\frac{455}{3618:9} = \frac{455}{402} = 1\frac{53}{402};$$

$$\frac{1871}{5300:10} = \frac{1871}{530} = 3\frac{281}{530};$$

$$\frac{9863}{3675:25} = \frac{9863}{147} = 67\frac{14}{147}.$$

$$\textbf{8.} \quad \frac{11}{24 \times 7} = \frac{11}{168};$$

$$\frac{3}{4 \times 87} = \frac{3}{348};$$

$$\frac{48}{55 \times 6} = \frac{48}{330};$$

$$\frac{45}{69 \times 13} = \frac{45}{897};$$

$$\frac{170 : 10}{2091} = \frac{17}{2091};$$

$$\frac{8}{7 \times 35} = \frac{8}{245};$$

$$\frac{63 : 7}{211} = \frac{9}{211};$$

$$\frac{872}{235 \times 471} = \frac{872}{110685};$$

$$\frac{6102 : 9}{45832} = \frac{678}{45832};$$

$$\frac{208 : 4}{47} = \frac{52}{47}.$$

9. 8 heures 45 minutes valent $60 \times 8 + 45$ ou 525 minutes; la roue de machine, faisant 215000 tours en 525 minutes, fera en une minute $\dfrac{215000}{525}$ de tour, ou 409 tours $\dfrac{275}{525}$ de tour. 525 minutes valent 60×525 ou 31500 secondes; donc, en une seconde, la roue fera $\dfrac{215000}{31500}$ de tour ou 6 tours $\dfrac{26000}{31500}$ de tour.

10. Le volume de la barre est le quotient de 48317 divisé par 7790, ou 6 décimètres cubes $\dfrac{1577}{7790}$ de décimètre cube.

11. La durée du trajet est le quotient de 864 divisé par 51 ou 16 heures $\dfrac{48}{51}$ d'heure.

12. En une heure, le train parcourt $\dfrac{198700}{6}$ de mètre ou 33216 mètres $\dfrac{4}{6}$ de mètre; 6 heures valant 60×6 ou

360 minutes, le chemin parcouru en une minute est $\dfrac{198700}{360}$ de mètre ou 551 mètres $\dfrac{340}{360}$ de mètre.

CHAPITRE II.

SIMPLIFICATION DES FRACTIONS.

1.

$$\frac{12}{15} = \frac{12:3}{15:3} = \frac{4}{5};$$

$$\frac{24}{42} = \frac{24:2}{42:2} = \frac{12}{21} = \frac{12:3}{21:3} = \frac{4}{7};$$

$$\frac{45}{65} = \frac{45:5}{65:5} = \frac{9}{13};$$

$$\frac{50}{75} = \frac{50:25}{75:25} = \frac{2}{3};$$

$$\frac{63}{81} = \frac{63:9}{81:9} = \frac{7}{9};$$

$$\frac{216}{144} = \frac{216:8}{144:8} = \frac{27}{18} = \frac{27:9}{18:9} = \frac{3}{2};$$

$$\frac{836}{1232} = \frac{836:4}{1232:4} = \frac{209}{308} = \frac{209:11}{308:11} = \frac{19}{28};$$

$$\frac{9450}{10800} = \frac{9450:10}{10800:10} = \frac{945}{1080} = \frac{945:5}{1080:5} = \frac{189}{216} = \frac{189:9}{216:9}$$
$$= \frac{21}{24} = \frac{21:3}{24:3} = \frac{7}{8};$$

$$\frac{2496}{2928} = \frac{2496:8}{2928:8} = \frac{312}{366} = \frac{312:2}{366:2} = \frac{156}{183} = \frac{156:3}{183:3} = \frac{52}{61};$$

$$\frac{1024}{5120} = \frac{1024:8}{5120:8} = \frac{128}{640} = \frac{128:8}{640:8} = \frac{16}{80} = \frac{16:8}{80:8} = \frac{2}{10}$$
$$= \frac{2:2}{10:2} = \frac{1}{5};$$

$$\frac{1562500}{3515625} = \frac{1562500:25}{3515625:25} = \frac{62500}{140625} = \frac{62500:25}{140625:25} = \frac{2500}{5625}$$
$$= \frac{2500:25}{5625:25} = \frac{100}{225} = \frac{100:25}{225:25} = \frac{4}{9};$$

$$\frac{114048}{156816} = \frac{114048:8}{156816:8} = \frac{14256}{19602} = \frac{14256:2}{19602:2} = \frac{7128}{9801} = \frac{7128:9}{9801:9}$$

$$= \frac{792}{1089} = \frac{792:9}{1089:9} = \frac{88}{121} = \frac{88:11}{121:11} = \frac{8}{11};$$

$$\frac{5097600}{18489600} = \frac{5097600:100}{18489600:100} = \frac{50976}{184896} = \frac{50976:8}{184896:8} = \frac{6372}{23112}$$

$$= \frac{6372:4}{23112:4} = \frac{1593}{5778} = \frac{1593:9}{5778:9} = \frac{177}{642} = \frac{177:3}{642:3} = \frac{59}{214}.$$

CHAPITRE III.

RÉDUCTION DES FRACTIONS AU MÊME DÉNOMINATEUR.

1.

$$\begin{cases} \dfrac{2}{7} = \dfrac{2 \times 13}{7 \times 13} = \dfrac{26}{91}, \\[2mm] \dfrac{4}{13} = \dfrac{4 \times 7}{13 \times 7} = \dfrac{28}{91}. \end{cases}$$

$$\begin{cases} \dfrac{8}{11} = \dfrac{8 \times 21}{11 \times 21} = \dfrac{168}{231}, \\[2mm] \dfrac{10}{21} = \dfrac{10 \times 11}{21 \times 11} = \dfrac{110}{231}. \end{cases}$$

$$\begin{cases} \dfrac{4}{15} = \dfrac{4 \times 31}{15 \times 31} = \dfrac{124}{465}, \\[2mm] \dfrac{5}{31} = \dfrac{5 \times 15}{31 \times 15} = \dfrac{75}{465}. \end{cases}$$

$$\begin{cases} \dfrac{61}{120} = \dfrac{61 \times 41}{120 \times 41} = \dfrac{2501}{4920}, \\[2mm] \dfrac{215}{41} = \dfrac{215 \times 120}{41 \times 120} = \dfrac{25800}{4920}. \end{cases}$$

$$\begin{cases} \dfrac{128}{2715} = \dfrac{128 \times 979}{2715 \times 979} = \dfrac{125312}{2657985}, \\[2mm] \dfrac{348}{979} = \dfrac{348 \times 2715}{979 \times 2715} = \dfrac{944820}{2657985}. \end{cases}$$

$$\begin{cases} \dfrac{6734}{82845} = \dfrac{6734 \times 5124}{82845 \times 5124} = \dfrac{34505016}{424497780}, \\[2mm] \dfrac{98715}{5124} = \dfrac{98715 \times 82845}{5124 \times 82845} = \dfrac{8178044175}{424497780}. \end{cases}$$

2.

$$\begin{cases}\dfrac{2}{5}=\dfrac{2\times4\times7}{5\times4\times7}=\dfrac{56}{140},\\[2mm]\dfrac{3}{4}=\dfrac{3\times5\times7}{4\times5\times7}=\dfrac{105}{140},\\[2mm]\dfrac{8}{7}=\dfrac{8\times5\times4}{7\times5\times4}=\dfrac{160}{140}.\end{cases}$$

$$\begin{cases}\dfrac{4}{11}=\dfrac{4\times15\times4}{11\times15\times4}=\dfrac{240}{660},\\[2mm]\dfrac{8}{15}=\dfrac{8\times11\times4}{15\times11\times4}=\dfrac{352}{660},\\[2mm]\dfrac{3}{4}=\dfrac{3\times11\times15}{4\times11\times15}=\dfrac{495}{660}.\end{cases}$$

$$\begin{cases}\dfrac{5}{14}=\dfrac{5\times13\times3\times6}{14\times13\times3\times6}=\dfrac{1170}{3276},\\[2mm]\dfrac{6}{13}=\dfrac{6\times14\times3\times6}{13\times14\times3\times6}=\dfrac{1512}{3276},\\[2mm]\dfrac{2}{3}=\dfrac{2\times14\times13\times6}{3\times14\times13\times6}=\dfrac{2184}{3276},\\[2mm]\dfrac{1}{6}=\dfrac{1\times14\times13\times3}{6\times14\times13\times3}=\dfrac{546}{3276}.\end{cases}$$

$$\begin{cases}\dfrac{8}{21}=\dfrac{8\times17\times12\times29}{21\times17\times12\times29}=\dfrac{47328}{124236},\\[2mm]\dfrac{4}{17}=\dfrac{4\times21\times12\times29}{17\times21\times12\times29}=\dfrac{29232}{124236},\\[2mm]\dfrac{11}{12}=\dfrac{11\times21\times17\times29}{12\times21\times17\times29}=\dfrac{113883}{124236},\\[2mm]\dfrac{18}{29}=\dfrac{18\times21\times17\times12}{29\times21\times17\times12}=\dfrac{77112}{124236}.\end{cases}$$

$$\begin{cases}\dfrac{1}{7}=\dfrac{1\times5\times10\times9\times3}{7\times5\times10\times9\times3}=\dfrac{1350}{9450},\\[2mm]\dfrac{2}{5}=\dfrac{2\times7\times10\times9\times3}{5\times7\times10\times9\times3}=\dfrac{3780}{9450},\\[2mm]\dfrac{7}{10}=\dfrac{7\times7\times5\times9\times3}{10\times7\times5\times9\times3}=\dfrac{6615}{9450},\\[2mm]\dfrac{5}{9}=\dfrac{5\times7\times5\times10\times3}{9\times7\times5\times10\times3}=\dfrac{5250}{9450},\\[2mm]\dfrac{11}{3}=\dfrac{11\times7\times5\times10\times9}{3\times7\times5\times10\times9}=\dfrac{34650}{9450}.\end{cases}$$

$$\frac{5}{13} = \frac{5 \times 17 \times 15 \times 16 \times 10 \times 14}{13 \times 17 \times 15 \times 16 \times 10 \times 14} = \frac{2856000}{7425600},$$

$$\frac{8}{17} = \frac{8 \times 13 \times 15 \times 16 \times 10 \times 14}{17 \times 13 \times 15 \times 16 \times 10 \times 14} = \frac{3494400}{7425600},$$

$$\frac{7}{15} = \frac{7 \times 13 \times 17 \times 16 \times 10 \times 14}{15 \times 13 \times 17 \times 16 \times 10 \times 14} = \frac{3465280}{7425600},$$

$$\frac{9}{16} = \frac{9 \times 13 \times 17 \times 15 \times 10 \times 14}{16 \times 13 \times 17 \times 15 \times 10 \times 14} = \frac{4176900}{7425600},$$

$$\frac{3}{10} = \frac{3 \times 13 \times 17 \times 15 \times 16 \times 14}{10 \times 13 \times 17 \times 15 \times 16 \times 14} = \frac{2227680}{7425600},$$

$$\frac{11}{14} = \frac{11 \times 13 \times 17 \times 15 \times 16 \times 10}{14 \times 13 \times 17 \times 15 \times 16 \times 10} = \frac{5831400}{7425600}.$$

$$\frac{41}{65} = \frac{41 \times 42 \times 81 \times 53 \times 37}{65 \times 42 \times 81 \times 53 \times 37} = \frac{273524202}{433635930},$$

$$\frac{19}{42} = \frac{19 \times 65 \times 81 \times 53 \times 37}{42 \times 65 \times 81 \times 53 \times 37} = \frac{196168635}{433635930},$$

$$\frac{76}{81} = \frac{76 \times 65 \times 42 \times 53 \times 37}{81 \times 65 \times 42 \times 53 \times 37} = \frac{406868280}{433635930},$$

$$\frac{45}{53} = \frac{55 \times 65 \times 42 \times 81 \times 37}{53 \times 65 \times 42 \times 81 \times 37} = \frac{368181450}{433635930},$$

$$\frac{11}{37} = \frac{11 \times 65 \times 42 \times 81 \times 53}{37 \times 65 \times 42 \times 81 \times 53} = \frac{128918790}{433635930}.$$

$$\frac{475}{838} = \frac{475 \times 925 \times 441}{838 \times 925 \times 441} = \frac{193764375}{341841150},$$

$$\frac{612}{925} = \frac{612 \times 838 \times 441}{925 \times 838 \times 441} = \frac{226169496}{341841150},$$

$$\frac{227}{441} = \frac{227 \times 838 \times 925}{441 \times 838 \times 925} = \frac{175959050}{341841150}.$$

$$\frac{2072}{6547} = \frac{2072 \times 2048 \times 3525}{6547 \times 2048 \times 3525} = \frac{14958182400}{47264102400},$$

$$\frac{8000}{2048} = \frac{8000 \times 6547 \times 3525}{2048 \times 6547 \times 3525} = \frac{184625400000}{47264102400},$$

$$\frac{7417}{3525} = \frac{7417 \times 6547 \times 2048}{3525 \times 6547 \times 2048} = \frac{99449034752}{47264102400}.$$

3. J'emploierai pour tous les calculs de ce numéro, la deuxième méthode.

$$\frac{5}{6}, \quad \frac{13}{18},$$

18   dénominateur commun,

$$\overset{3}{\frac{15}{18}}, \quad \overset{1}{\frac{13}{18}}.$$

$$\overset{8}{\frac{8}{5}}, \quad \overset{1}{\frac{1}{7}}, \quad \overset{8}{\frac{8}{35}},$$

$$35 \quad \text{d}^\text{r} \text{ commun.}$$

$$\overset{7}{\frac{21}{35}}, \quad \overset{5}{\frac{5}{35}}, \quad \overset{1}{\frac{8}{35}}.$$

$$\overset{11}{\frac{11}{16}}, \quad \overset{3}{\frac{3}{7}}, \quad \overset{19}{\frac{19}{28}}, \quad \overset{25}{\frac{25}{112}},$$

$$112 \quad \text{d}^\text{r} \text{ commun.}$$

$$\overset{7}{\frac{77}{112}}, \quad \overset{16}{\frac{48}{112}}, \quad \overset{4}{\frac{76}{112}}, \quad \overset{1}{\frac{25}{112}}.$$

$$\overset{4}{\frac{4}{5}}, \quad \overset{3}{\frac{3}{9}}, \quad \overset{11}{\frac{11}{15}};$$

je simplifie d'abord la deuxième fraction, en divisant ses deux termes par 3, et j'ai les nouvelles fractions :

$$\overset{4}{\frac{4}{5}}, \quad \overset{1}{\frac{1}{3}}, \quad \overset{11}{\frac{11}{15}},$$

$$15 \quad \text{d}^\text{r} \text{ commun,}$$

$$\overset{3}{\frac{12}{15}}, \quad \overset{5}{\frac{5}{15}}, \quad \overset{1}{\frac{11}{15}},$$

$$\overset{3}{\frac{3}{2}}, \quad \overset{5}{\frac{5}{6}}, \quad \overset{7}{\frac{7}{9}}, \quad \overset{11}{\frac{11}{18}}.$$

$$18 \quad \text{d}^\text{r} \text{ commun.}$$

$$\overset{9}{\frac{27}{18}}, \quad \overset{3}{\frac{15}{18}}, \quad \overset{2}{\frac{14}{18}}, \quad \overset{1}{\frac{11}{18}}.$$

$$\overset{1}{\frac{1}{6}}, \quad \overset{3}{\frac{3}{7}}, \quad \overset{16}{\frac{16}{21}}, \quad \overset{5}{\frac{5}{3}}$$

$$42 \quad \text{d}^\text{r} \text{ commun.}$$

$$\overset{7}{\frac{7}{42}}, \quad \overset{6}{\frac{18}{42}}, \quad \overset{2}{\frac{32}{42}}, \quad \overset{14}{\frac{70}{42}}.$$

$$\frac{13}{22}, \quad \frac{3}{11}, \quad \frac{19}{33}, \quad \frac{7}{12}$$

$$132 \quad \text{d}^\text{r} \text{ commun.}$$

$$\frac{6}{78}, \quad \frac{12}{36}, \quad \frac{4}{76}, \quad \frac{11}{77}.$$
$$\frac{78}{132}, \quad \frac{36}{132}, \quad \frac{76}{132}, \quad \frac{77}{132}.$$

$$\frac{5}{8}, \quad \frac{1}{4}, \quad \frac{5}{12}, \quad \frac{19}{36}, \quad \frac{23}{16}$$

$$144 \quad \text{d}^\text{r} \text{ commun.}$$

$$\frac{18}{90}, \quad \frac{36}{36}, \quad \frac{12}{60}, \quad \frac{4}{76}, \quad \frac{9}{207}$$
$$\frac{90}{144}, \quad \frac{36}{144}, \quad \frac{60}{144}, \quad \frac{76}{144}, \quad \frac{207}{144}.$$

$$\frac{10}{9}, \quad \frac{7}{12}, \quad \frac{5}{18}, \quad \frac{25}{36}, \quad \frac{17}{54}, \quad \frac{73}{108}$$

$$108 \quad \text{d}^\text{r} \text{ commun.}$$

$$\frac{12}{120}, \quad \frac{9}{63}, \quad \frac{6}{30}, \quad \frac{3}{75}, \quad \frac{2}{34}, \quad \frac{1}{73}$$
$$\frac{120}{108}, \quad \frac{63}{108}, \quad \frac{30}{108}, \quad \frac{75}{108}, \quad \frac{34}{108}, \quad \frac{73}{108}.$$

$$\frac{8}{15}, \quad \frac{3}{20}, \quad \frac{19}{30}, \quad \frac{25}{72}, \quad \frac{101}{120}, \quad \frac{69}{180}$$

$$360 \quad \text{d}^\text{r} \text{ commun.}$$

$$\frac{24}{192}, \quad \frac{18}{54}, \quad \frac{12}{228}, \quad \frac{5}{125}, \quad \frac{3}{303}, \quad \frac{2}{138}$$
$$\frac{192}{360}, \quad \frac{54}{360}, \quad \frac{228}{360}, \quad \frac{125}{360}, \quad \frac{303}{360}, \quad \frac{138}{360}.$$

$$\frac{3}{7}, \quad \frac{9}{11}, \quad \frac{23}{28}, \quad \frac{15}{44}, \quad \frac{55}{56}, \quad \frac{105}{154}.$$

$$154 \times 4 = 616 \quad \text{d}^\text{r} \text{ commun.}$$

$$\frac{88}{264}, \quad \frac{56}{504}, \quad \frac{22}{506}, \quad \frac{14}{210}, \quad \frac{11}{605}, \quad \frac{4}{420}$$
$$\frac{264}{616}, \quad \frac{504}{616}, \quad \frac{506}{616}, \quad \frac{210}{616}, \quad \frac{605}{616}, \quad \frac{420}{616}.$$

4.
$$\begin{cases} \dfrac{52}{79} = \dfrac{52 \times 381}{79 \times 381} = \dfrac{19812}{79 \times 381}, \\[2ex] \dfrac{201}{381} = \dfrac{201 \times 79}{381 \times 79} = \dfrac{15879}{381 \times 79}; \end{cases}$$

la fraction $\dfrac{52}{79}$ est la plus grande.

$$\begin{cases} \dfrac{4875}{9538} = \dfrac{4875 \times 14981}{9538 \times 14981} = \dfrac{73032375}{9538 \times 14981}, \\ \dfrac{7539}{14981} = \dfrac{7539 \times 9538}{14981 \times 9538} = \dfrac{71906982}{14981 \times 9538}; \end{cases}$$

la première fraction est la plus grande.

$$\dfrac{3}{4} = \dfrac{24}{32};$$
$$\dfrac{5}{8} = \dfrac{20}{32};$$
$$\dfrac{9}{16} = \dfrac{18}{32};$$
$$\dfrac{15}{32} = \dfrac{15}{32};$$

les fractions rangées par ordre de grandeur croissante seront donc :

$$\dfrac{15}{32}, \quad \dfrac{9}{16}, \quad \dfrac{5}{8}, \quad \dfrac{3}{4}.$$

Je réduis les fractions données au même dénominateur, en prenant pour dénominateur commun 58×5 ou 290, et j'ai :

$$\dfrac{2}{5} = \dfrac{116}{290}, \quad \dfrac{3}{29} = \dfrac{30}{290}, \quad \dfrac{41}{58} = \dfrac{205}{290};$$

alors les fractions, rangées par ordre de grandeur croissante, sont :

$$\dfrac{3}{29}, \quad \dfrac{2}{5}, \quad \dfrac{41}{58}.$$

Je réduis les fractions données au même dénominateur, en prenant pour dénominateur commun 990×7 ou 6930, et j'ai les nouvelles fractions :

$$\dfrac{3960}{6930}, \quad \dfrac{3150}{6930}, \quad \dfrac{6160}{6930}, \quad \dfrac{4389}{6930}, \quad \dfrac{434}{6930};$$

en les rangeant par ordre de grandeur croissante, et remplaçant chacune d'elles par la fraction primitive équivalente, on a enfin :

$$\dfrac{67}{990}, \quad \dfrac{5}{11}, \quad \dfrac{4}{7}, \quad \dfrac{19}{30}, \quad \dfrac{8}{9}.$$

Je réduis les fractions données au même dénominateur, en

prenant 2100 pour dénominateur commun ; j'ai ainsi les fractions :

$$\frac{1600}{2100},\ \frac{1176}{2100},\ \frac{480}{2100},\ \frac{798}{2100},\ \frac{1410}{2100},\ \frac{625}{2100},\ \frac{1701}{2100},\ \frac{4610}{2100};$$

en les rangeant par ordre de grandeur croissante, et remplaçant chacune d'elles par la fraction primitive équivalente, on obtient :

$$\frac{8}{35},\ \frac{25}{84},\ \frac{19}{50},\ \frac{14}{25},\ \frac{47}{70},\ \frac{16}{21},\ \frac{81}{100},\ \frac{461}{210}.$$

CHAPITRE IV.

ADDITION DES FRACTIONS.

1.
$$\frac{143}{60} = 2\,\frac{23}{60};$$
$$\frac{821}{231} = 3\,\frac{128}{231};$$
$$\frac{623}{372} = 1\,\frac{251}{372};$$
$$\frac{229}{144} = 1\,\frac{85}{144};$$
$$\frac{683}{216} = 3\,\frac{35}{216};$$
$$\frac{163}{60} = 2\,\frac{43}{60};$$
$$\frac{1271}{440} = 2\,\frac{391}{440};$$
$$\frac{3000}{588} = 5\,\frac{60}{588} = 5\,\frac{5}{49};$$
$$\frac{3226}{720} = 4\,\frac{346}{720} = 4\,\frac{173}{360}.$$

2. $32\,\frac{1}{12}$; $21\,\frac{11}{56}$; $76\,\frac{1383}{2950}$; $132\,\frac{39}{40}$; $21\,\frac{1}{8}$; $92\,\frac{101}{120}$; $119\,\frac{11}{20}$.

3. $\dfrac{43}{8}$; $\dfrac{119}{6}$; $\dfrac{87}{10}$; $\dfrac{124}{11}$; $\dfrac{317}{12}$; $\dfrac{1059}{25}$; $\dfrac{617}{41}$; $\dfrac{5300}{81}$; $\dfrac{44327}{120}$; $\dfrac{53637}{625}$; $\dfrac{153732}{2513}$; $\dfrac{6112339}{9637}$.

4. $\dfrac{1}{2}+\dfrac{1}{3}=\dfrac{5}{6}$; l'écolier a donc fait les $\dfrac{5}{6}$ de sa tâche.

5. On lui retient $\dfrac{1}{12}+\dfrac{11}{240}$ ou $\dfrac{31}{240}$ de son traitement.

6. $\dfrac{1}{5}+\dfrac{1}{6}+\dfrac{1}{7}$ ou $\dfrac{107}{210}$.

7. En une heure, la première pompe remplirait $\dfrac{1}{8}$ du bassin ; la seconde en remplirait $\dfrac{1}{6}$; si elles fonctionnent ensemble, elles rempliront en une heure $\dfrac{1}{8}+\dfrac{1}{6}$ ou les $\dfrac{7}{24}$ du bassin.

8. On lui doit $\dfrac{1}{2}+\dfrac{2}{3}+\dfrac{3}{4}$ ou $\dfrac{19}{12}$ de journée, c'est-à-dire 1 journée et $\dfrac{7}{12}$.

9. En une heure, le premier train parcourt $\dfrac{1}{19}$ de la distance de Paris à Marseille, et le second parcourt $\dfrac{1}{25}$ de cette même distance ; donc, en une heure, ils se rapprocheront de $\dfrac{1}{19}+\dfrac{1}{25}$ ou des $\dfrac{44}{475}$ de cette même distance.

10. $\dfrac{1}{42}+\dfrac{1}{24}+\dfrac{1}{19}=\dfrac{377}{3192}$; les trois pompes réunies épuiseront donc, en une heure, les $\dfrac{377}{3192}$ de l'eau du puits.

11. $8\dfrac{1}{3}+1\dfrac{7}{18}+1\dfrac{7}{18}=11$ kilogrammes $\dfrac{1}{9}$.

12. (Les calculs qu'il faudrait faire pour trouver la somme de ces fractions sont extrêmement longs ; nous prions le lecteur de se reporter au livre III, chapitre V, où nous donnerons la solution de ce problème.)

CHAPITRE V.

SOUSTRACTION DES FRACTIONS.

1. $\dfrac{17}{60}$; $\dfrac{5}{14}$; $\dfrac{17}{84}$; $\dfrac{1001}{1416}$; $\dfrac{331}{765}$; $\dfrac{2149}{6750}$; $\dfrac{377}{1548}$; $\dfrac{2033}{4472}$; $\dfrac{1639}{2520}$; $\dfrac{279}{1024}$; $\dfrac{23896737}{65565685}$; $\dfrac{853266127}{195678075208}$.

2. $2\dfrac{7}{12}$; $5\dfrac{29}{40}$; $28\dfrac{27}{88}$; $54\dfrac{119}{130}$; $230\dfrac{1}{56}$; $361\dfrac{179}{372}$; $274\dfrac{533}{1296}$; $197\dfrac{16849}{160750}$; $20\dfrac{1}{9}$; $20\dfrac{1851}{2315}$; $\dfrac{121}{467}$; $7\dfrac{249}{545}$.

3. $12\dfrac{5}{8} - 3\dfrac{2}{5} = 9$ mètres $\dfrac{9}{40}$ de mètre.

4. La fraction de l'ouvrage qui reste à faire est égale à $1 - \dfrac{17}{42} = \dfrac{25}{42}$.

5. $\dfrac{9}{20} - \dfrac{9}{25} = \dfrac{9}{100}$.

6. Dans le calendrier de Jules César ou calendrier julien, l'année est trop forte, et l'erreur est égale à $365\dfrac{1}{4} - 365\dfrac{1211}{5000}$, c'est-à-dire à $\dfrac{39}{5000}$ de jour. Dans le calendrier grégorien, la durée de l'année est trop forte aussi, et l'erreur est égale à $365\dfrac{97}{400} - 365\dfrac{1211}{5000}$, ou à $\dfrac{3}{10000}$ de jour.

7. En une heure, la source remplirait $\dfrac{1}{8}$ du bassin, et la pompe en épuiserait $\dfrac{1}{14}$; si la pompe fonctionne en même temps que la source, la fraction du bassin remplie en une heure sera $\dfrac{1}{8} - \dfrac{1}{14} = \dfrac{3}{56}$.

CHAPITRE VI.

MULTIPLICATION DES FRACTIONS.

1. $\dfrac{15}{7} = 2\dfrac{1}{7}$; $\dfrac{28}{9} = 3\dfrac{1}{9}$; $\dfrac{602}{63} = 9\dfrac{5}{9}$; $\dfrac{493}{215} = 2\dfrac{63}{215}$;
$\dfrac{77979}{485} = 160\dfrac{379}{485}$; $\dfrac{232236}{28737} = 8\dfrac{260}{3193}$; $\dfrac{17}{5} = 3\dfrac{2}{5}$;
$\dfrac{34}{25} = 1\dfrac{9}{25}$; $\dfrac{947}{342} = 2\dfrac{263}{342}$; $\dfrac{692}{42} = 16\dfrac{10}{21}$; $\dfrac{113}{15} = 7\dfrac{8}{15}$; 258.

2. $\dfrac{50}{6} = 8\dfrac{1}{3}$; $\dfrac{135}{11} = 12\dfrac{3}{11}$; $\dfrac{1496}{15} = 99\dfrac{11}{15}$; $\dfrac{1484}{32} = 46\dfrac{3}{8}$;
$\dfrac{35002}{40} = 875\dfrac{1}{20}$; $\dfrac{171872}{659} = 260\dfrac{532}{659}$; $\dfrac{439\times45}{439} = 45$;
$\dfrac{16902}{29} = 582\dfrac{24}{29}$; $\dfrac{3072\times47}{64} = \dfrac{384\times47}{8} = 48\times47 = 2256$;
$\dfrac{6287855}{4612} = 1363\dfrac{1699}{4612}$; $\dfrac{429201272}{1000} = 429201\dfrac{34}{125}$;
$\dfrac{319501771680}{380957} = 838681\dfrac{373963}{380957}$.

3. $\dfrac{8}{35}$; $\dfrac{27}{80}$; $\dfrac{54}{10} = 5\dfrac{2}{5}$; $\dfrac{99}{32} = 3\dfrac{3}{32}$; $\dfrac{13\times5}{25\times26} = \dfrac{5}{25\times2} =$
$\dfrac{1}{5\times2} = \dfrac{1}{10}$; $\dfrac{12\times7}{29\times6} = \dfrac{2\times7}{29} = \dfrac{14}{29}$; $\dfrac{144}{1235}$; $\dfrac{9\times19}{76\times72} =$
$\dfrac{19}{76\times8} = \dfrac{1}{4\times8} = \dfrac{1}{32}$; $\dfrac{36\times11}{55\times12} = \dfrac{3\times11}{55} = \dfrac{3}{5}$; $\dfrac{300\times637}{429\times1000}$
$= \dfrac{3\times637}{429\times10} = \dfrac{637}{143\times10} = \dfrac{637}{1430}$;
$\dfrac{27345\times3604}{82912\times4519} = \dfrac{27345\times901}{20728\times4519} = \dfrac{24637845}{92669832}$;
$\dfrac{442416141}{2654496846} = \dfrac{442416141:9}{2654496846:9} = \dfrac{49157349}{294944091} = \dfrac{49157349:3}{294944094:3}$
$= \dfrac{16385783}{98314698}$.

4.
$$\frac{23}{3} \times \frac{59}{7} = \frac{1357}{21} = 64\frac{13}{21};$$
$$\frac{73}{5} \times \frac{97}{8} = \frac{7081}{40} = 177\frac{1}{40};$$
$$\frac{512}{9} \times \frac{170}{11} = \frac{87040}{99} = 879\frac{19}{99};$$
$$\frac{297}{16} \times \frac{1243}{20} = \frac{369171}{320} = 1153\frac{211}{320};$$
$$\frac{1634}{27} \times \frac{1216}{25} = \frac{1986944}{675} = 2943\frac{419}{675};$$
$$\frac{259}{100} \times \frac{287}{1000} = \frac{74333}{100000};$$
$$\frac{6209}{719} \times \frac{314}{513} = \frac{1949626}{368847} = 5\frac{105391}{368847};$$
$$\frac{4360}{481} \times 69 = \frac{300840}{481} = 625\frac{215}{481};$$
$$\frac{78 \times 467}{746} = \frac{39 \times 467}{373} = \frac{18213}{373} = 48\frac{309}{373};$$
$$\frac{95029}{645} \times \frac{272}{469} = \frac{25847888}{302505} = 85\frac{134963}{302505}.$$

5. Les $\frac{4}{5}$ de 19 valent $\quad 19 \times \frac{4}{5} = \frac{76}{5} = 15\frac{1}{5};$

les $\frac{5}{7}$ de 36 — $\quad 36 \times \frac{5}{7} = \frac{180}{7} = 25\frac{5}{7};$

les $\frac{3}{11}$ de $\frac{7}{8}$ — $\quad \frac{7}{8} \times \frac{3}{11} = \frac{21}{88};$

les $\frac{16}{39}$ de $\frac{45}{49}$ — $\quad \frac{45}{49} \times \frac{16}{39} = \frac{240}{637};$

les $\frac{17}{28}$ de $\frac{56}{85}$ — $\quad \frac{56}{85} \times \frac{17}{28} = \frac{2}{5};$

les $\frac{5}{21}$ de $\frac{42}{65}$ — $\quad \frac{42}{65} \times \frac{5}{21} = \frac{2}{13};$

les $\frac{3}{4}$ de $19\frac{5}{8}$ — $\quad 19\frac{5}{8} \times \frac{3}{4} = \frac{471}{32} = 14\frac{23}{32};$

les $\frac{9}{10}$ de $457\frac{309}{2000}$ — $\quad 457\frac{309}{2000} \times \frac{9}{10} = \frac{8224781}{20000}$
$$= 411\frac{4781}{20000};$$

les $\dfrac{3}{4}$ des $\dfrac{2}{3}$ de 18 valent $18 \times \dfrac{2}{3} \times \dfrac{3}{4} = 9$;

les $\dfrac{5}{6}$ des $\dfrac{4}{7}$ de 58 valent $58 \times \dfrac{4}{7} \times \dfrac{5}{6} = 27\dfrac{13}{21}$;

les $\dfrac{4}{5}$ des $\dfrac{8}{11}$ des $\dfrac{3}{7}$ de 56 valent $56 \times \dfrac{3}{7} \times \dfrac{8}{11} \times \dfrac{4}{5} = 4\dfrac{36}{55}$.

les $\dfrac{5}{13}$ des $\dfrac{7}{12}$ des $\dfrac{8}{9}$ de $\dfrac{14}{29}$ valent $\dfrac{14}{29} \times \dfrac{8}{9} \times \dfrac{7}{12} \times \dfrac{5}{13} = \dfrac{980}{10179}$;

les $\dfrac{10}{11}$ des $\dfrac{11}{12}$ des $\dfrac{12}{13}$ des $\dfrac{13}{14}$ de 65 valent $65 \times \dfrac{13}{14} \times \dfrac{12}{13} \times \dfrac{11}{12}$

$\times \dfrac{10}{11} = \dfrac{65 \times 10}{14} = \dfrac{325}{7} = 46\dfrac{3}{7}$.

6. La première personne aura les $\dfrac{3}{16}$ de 800 francs, ou

$800 \times \dfrac{3}{16} = 150$ francs, et l'autre, $800 - 150 = 650$ francs.

7. Les $\dfrac{18}{19}$ de 76 kilogrammes, ou $76 \times \dfrac{18}{19} = 72$ kilogrammes.

8. La valeur des $\dfrac{7}{12}$ de la pièce de terre est égale aux $\dfrac{7}{12}$

de 4372 francs, ou $4372 \times \dfrac{7}{12} = 2550$ francs $\dfrac{1}{3}$; la contenance

est les $\dfrac{7}{12}$ de 124 ares ou $124 \times \dfrac{7}{12} = 72$ ares $\dfrac{1}{3}$.

9. Les $\dfrac{2}{31}$ de 3100 francs ou $3100 \times \dfrac{2}{31} = 200$ francs.

10. Les $\dfrac{3}{5}$ de 14 heures $\dfrac{2}{3}$ c'est-à-dire, $14\dfrac{2}{3} \times \dfrac{3}{5} = 8$ heures $\dfrac{4}{5}$.

11. Les $\dfrac{4}{25}$ de 12 kilogrammes $\dfrac{5}{8}$ c'est-à-dire, $12\dfrac{5}{8} \times \dfrac{4}{25}$

$= 2$ kilogrammes $\dfrac{1}{50}$.

12. L'allongement est égal aux $\dfrac{7}{20000}$ de 512 kilomètres,

ou à $512 \times \dfrac{7}{20000} = \dfrac{112}{615}$ de kilomètre.

13. $324479 \times \dfrac{1}{1050} = \dfrac{324479}{1050} = 309\dfrac{29}{1050}$; la masse de Jupiter vaut 309 fois la masse de la Terre, plus les $\dfrac{29}{1050}$ de cette dernière masse.

14. Le poids de la farine qu'on peut retirer d'un hectolitre de froment est les $\dfrac{4}{5}$ de 76 kilogrammes, et le poids du pain est les $\dfrac{13}{10}$ de celui de la farine, c'est-à-dire les $\dfrac{13}{10}$ des $\dfrac{4}{5}$ de 76 kilogrammes, ou $76 \times \dfrac{4}{5} \times \dfrac{13}{10} = 79$ kilogrammes $\dfrac{1}{25}$.

15. Si l'on retient d'abord $\dfrac{1}{20}$ du traitement, il en reste les $\dfrac{19}{20}$; on retient ensuite $\dfrac{1}{12}$ de ce reste; et par conséquent on ne paie au fonctionnaire que les $\dfrac{11}{12}$ du premier reste, c'est-à-dire les $\dfrac{11}{12}$ des $\dfrac{19}{20}$ du traitement. En retenant d'abord $\dfrac{1}{12}$ du traitement, il en reste les $\dfrac{11}{12}$; si l'on retient ensuite $\dfrac{1}{20}$ de ce reste, le fonctionnaire ne touchera en définitive que les $\dfrac{19}{20}$ des $\dfrac{11}{12}$ de son traitement. Il faut donc prouver que les $\dfrac{11}{12}$ des $\dfrac{19}{20}$ d'un nombre valent autant que les $\dfrac{19}{20}$ des $\dfrac{11}{12}$ de ce même nombre; cela est évident, car la première fraction équivaut à $\dfrac{19}{20} \times \dfrac{11}{12}$, et la seconde, à $\dfrac{11}{12} \times \dfrac{19}{20}$, et ces deux produits, qui ne diffèrent que par l'ordre des facteurs, sont égaux.

CHAPITRE VII.

DIVISION DES FRACTIONS.

1. $\dfrac{4}{45}$; $\dfrac{8}{63}$; $\dfrac{4}{165}$; $\dfrac{52}{207}$; $\dfrac{87}{504} = \dfrac{29}{168}$; $\dfrac{646}{417540} = \dfrac{323}{208770}$;

$\dfrac{7}{55}$; $\dfrac{2}{105}$; $\dfrac{72}{10419} = \dfrac{24}{3473}$; $\dfrac{610}{2961}$; $\dfrac{730}{11249}$; $\dfrac{50}{314159}$.

2. $5 \times \dfrac{3}{2} = \dfrac{15}{2} = 7\dfrac{1}{2}$;

$8 \times \dfrac{7}{4} = \dfrac{8 \times 7}{4} = 14$;

$15 \times \dfrac{9}{5} = \dfrac{15 \times 9}{5} = 27$;

$42 \times \dfrac{29}{36} = \dfrac{42 \times 29}{36} = \dfrac{7 \times 29}{6} = 33\dfrac{5}{6}$;

$56 \times \dfrac{124}{61} = \dfrac{6944}{61} = 113\dfrac{51}{61}$;

$112 \times \dfrac{72}{29} = \dfrac{8064}{29} = 278\dfrac{2}{29}$;

$175 \times \dfrac{13}{125} = \dfrac{175 \times 13}{125} = \dfrac{7 \times 13}{5} = \dfrac{91}{5} = 18\dfrac{1}{5}$;

$81 \times \dfrac{1000}{729} = \dfrac{81 \times 1000}{729} = \dfrac{1000}{9} = 111\dfrac{1}{9}$;

$1 \times \dfrac{745}{346} = \dfrac{745}{346} = 2\dfrac{53}{346}$;

$1 \times \dfrac{10000}{31416} = \dfrac{10000}{31416} = \dfrac{1250}{3927}$;

$271828 \times \dfrac{345781}{15682} = \dfrac{93992957668}{15682} = 5993684\dfrac{2590}{7841}$;

$439 \times 1050 = 460950.$

3. $\dfrac{2}{5} \times \dfrac{4}{3} = \dfrac{8}{15}$;

$\dfrac{4}{9} \times \dfrac{6}{5} = \dfrac{4 \times 6}{9 \times 5} = \dfrac{4 \times 2}{3 \times 5} = \dfrac{8}{15}$;

$\dfrac{5}{12} \times \dfrac{11}{8} = \dfrac{55}{96}$;

$\dfrac{9}{13} \times \dfrac{31}{27} = \dfrac{9 \times 31}{13 \times 27} = \dfrac{31}{13 \times 3} = \dfrac{31}{39}$;

$\dfrac{40}{73} \times \dfrac{28}{47} = \dfrac{1120}{3431}$;

$\dfrac{102}{121} \times \dfrac{77}{65} = \dfrac{102 \times 77}{121 \times 65} = \dfrac{102 \times 7}{11 \times 65} = \dfrac{714}{715}$;

$\dfrac{64}{205} \times \dfrac{315}{512} = \dfrac{64 \times 315}{205 \times 512} = \dfrac{8 \times 315}{205 \times 64} = \dfrac{315}{205 \times 8} = \dfrac{63}{41 \times 8}$

$= \dfrac{63}{328}$;

$$\frac{609}{1024} \times \frac{360}{261} = \frac{609 \times 360}{1024 \times 261} = \frac{609 \times 45}{128 \times 261} = \frac{609 \times 5}{128 \times 29} = \frac{3045}{3712}$$

$$\frac{9000}{5417} \times \frac{3453}{810} = \frac{9000 \times 3453}{5417 \times 810} = \frac{100 \times 3453}{5417 \times 9} = \frac{100 \times 1151}{5417 \times 3}$$

$$= \frac{115100}{16251} = 7\frac{1343}{16251} \, ;$$

$$\frac{7835}{2934} \times \frac{1113}{5327} = \frac{7835 \times 1113}{2934 \times 5327} = \frac{7835 \times 371}{978 \times 5327} = \frac{2906785}{5209806} \, ;$$

$$\frac{98452}{84601} \times \frac{11348}{60935} = \frac{1117233296}{5155161935} \, ;$$

$$\frac{752318}{965425} \times \frac{1930850}{376159} = \frac{752318 \times 1930850}{965425 \times 376159} = \frac{752318 \times 77234}{38617 \times 376159}$$

$$= \frac{58104528412}{14526132103} = 4.$$

4.
$$\frac{31}{4} : \frac{27}{5} = \frac{31}{4} \times \frac{5}{27} = \frac{155}{108} = 1\frac{47}{108} \, ;$$

$$\frac{59}{7} : \frac{93}{8} = \frac{59}{7} \times \frac{8}{93} = \frac{472}{651} \, ;$$

$$\frac{502}{11} : \frac{13}{3} = \frac{502}{11} \times \frac{3}{13} = \frac{1506}{143} = 10\frac{76}{143} \, ;$$

$$\frac{252}{13} : \frac{83}{16} = \frac{252}{13} \times \frac{16}{83} = \frac{4032}{1079} = 3\frac{795}{1079} \, ;$$

$$\frac{10570}{87} : \frac{577}{65} = \frac{10570}{87} \times \frac{65}{577} = \frac{687050}{50199} = 13\frac{34463}{50199} \, ;$$

$$\frac{187129}{128} : \frac{53261}{144} = \frac{187129}{128} \times \frac{144}{53261} = \frac{187129 \times 144}{128 \times 53261}$$

$$= \frac{187129 \times 9}{8 \times 53261} = \frac{1684161}{426088} = 3\frac{405897}{426088} \, ;$$

$$\frac{5221340}{9817} : \frac{27113}{742} = \frac{5221340}{9817} \times \frac{742}{27113} = \frac{3874234280}{266168321}$$

$$= 14\frac{147877786}{266168321} \, ;$$

$$\frac{591}{14} : 58 = \frac{591}{14 \times 58} = \frac{591}{812} \, ;$$

$$\frac{607}{9} : \frac{28}{31} = \frac{607}{9} \times \frac{31}{28} = \frac{18817}{252} = 74\frac{169}{252} \, ;$$

$$65 : \frac{68}{15} = 65 \times \frac{15}{68} = \frac{975}{68} = 14\frac{23}{68} \, ;$$

$$\frac{7}{19} : \frac{173}{10} = \frac{7}{19} \times \frac{10}{173} = \frac{70}{3287};$$

$$\frac{354815}{1000} : \frac{1949}{100} = \frac{354815}{1000} \times \frac{100}{1949} = \frac{354815 \times 100}{1000 \times 1949}$$

$$= \frac{354815}{10 \times 1949} = \frac{354845}{19490} = 18 \frac{799}{3898}.$$

5. $95 : \frac{5}{6} = \frac{95 \times 6}{5} = 19 \times 6 = 114.$

6. Il faut trouver un nombre dont les $\frac{3}{20}$ soient égaux à 3690 francs ; ce nombre est $3690 : \frac{3}{20} = \frac{3690 \times 20}{3} = 1230 \times 20 = 24600$ francs.

7. D'après l'énoncé, 8 heures sont les $\frac{7}{9}$ du temps nécessaire pour remplir tout le bassin ; donc ce temps est égal à $8 : \frac{7}{9}$ ou à $\frac{72}{7}$ d'heure, ou enfin à 10 heures $\frac{2}{7}$.

8. Le poids cherché est tel que si on en prend les $\frac{21}{25}$, on obtient 117 kilogrammes ; il est donc égal au quotient de 117 divisé par $\frac{21}{25}$, c'est-à-dire à 139 kilogrammes $\frac{2}{7}$.

9. $110 \frac{1}{2} : 3 \frac{1}{4} = 34$ kilomètres.

10. Si l'on connaissait le poids d'un mètre cube d'air, en en prenant les $\frac{5}{8}$, on aurait 808 grammes ; le poids du mètre cube d'air est donc égal au quotient de 808 divisé par $\frac{5}{8}$, c'est-à-dire à 1292 grammes $\frac{4}{5}$.

11. Si l'on connaissait la valeur d'un kilogramme de monnaie d'argent, en la multipliant par $15 \frac{1}{2}$, on aurait 3100 francs ; donc la valeur d'un kilogramme de monnaie d'argent est égale au quotient de 3100 divisé par $15\frac{1}{2}$, c'est-à-dire à 200 francs.

12. $1276 : \dfrac{50}{27} = 689$ myriamètres $\dfrac{1}{25}$.

13. $2\frac{1}{4} : \dfrac{59}{31250} = 1191$ millimètres $\dfrac{87}{118}$.

PROBLÈMES DE RÉCAPITULATION SUR LES QUATRE RÈGLES DES FRACTIONS.

1. L'ouvrier a fait $\dfrac{1}{4} + \dfrac{1}{6} + \dfrac{1}{9}$ ou $\dfrac{19}{36}$ de l'ouvrage qu'il doit faire ; la fraction qui lui en reste à faire est $1 - \dfrac{19}{36} = \dfrac{17}{36}$.

2. Le bénéfice du marchand doit être les $\dfrac{3}{25}$ de 2400 francs ou $2400 \times \dfrac{3}{25} = 288$ francs ; le prix de vente sera donc $2400 + 288$ ou 2688 francs.

3. La première partie de la pension de cet instituteur sera égale aux $\dfrac{18}{120}$ de 1257 francs, c'est-à-dire à $1257 \times \dfrac{18}{120} = 188$ francs $\dfrac{11}{20}$; la seconde partie est égale aux $\dfrac{18}{30}$ de la première, c'est-à-dire à $188\frac{11}{20} \times \dfrac{18}{30} = 113$ francs $\dfrac{13}{100}$; la pension de retraite de l'instituteur est donc égale à

$$188\frac{11}{20} + 113\frac{13}{100} = 301 \text{ francs } \frac{17}{25}.$$

4. Après le prélèvement de $\dfrac{1}{4}$ de l'héritage, il n'en reste plus que les $\dfrac{3}{4}$; $\dfrac{1}{7}$ de ce reste vaut donc $\dfrac{3}{4} \times \dfrac{1}{7}$ ou $\dfrac{3}{28}$ de l'héritage ; l'héritier principal a donc pour sa part $\dfrac{1}{4} + \dfrac{3}{28}$ ou

$\frac{5}{14}$ de l'héritage ; cette somme étant égale à 245000 francs, le montant de l'héritage est égal à

$$245000 : \frac{5}{14} \text{ ou à } 616000 \text{ francs.}$$

5. La veuve a droit, en vertu de la communauté, à la moitié de la fortune totale, et, par préciput, à $\frac{1}{4}$ de l'autre moitié, soit en tout, à $\frac{1}{2} + \frac{1}{8}$ ou aux $\frac{5}{8}$ de la fortune totale, c'est-à-dire à $128000 \times \frac{5}{8} = 80000$ francs. Chacun des quatre enfants doit toucher $\frac{1}{4}$ de ce qui reste, c'est-à-dire $\frac{1}{4}$ de 48000 francs ou 12000 francs.

6. En une heure, la première pompe épuiserait $\frac{1}{11}$ de la capacité du bassin ; la seconde ne donnerait que les $\frac{3}{7}$ du rendement de la première, c'est-à-dire $\frac{1}{11} \times \frac{3}{7}$ ou $\frac{3}{77}$ de la capacité du bassin. Pour épuiser $\frac{1}{77}$ du bassin, il faudrait à cette pompe 3 fois moins de temps ou $\frac{1}{3}$ d'heure, et pour vider le bassin entier, il lui faudrait 77 fois plus de temps ou $\frac{77}{3}$ d'heure, soit 25 heures $\frac{2}{3}$. Les deux pompes réunies épuisent en une heure $\frac{1}{11} + \frac{3}{77}$ ou $\frac{10}{77}$ du bassin ; pour en épuiser $\frac{1}{77}$, il leur faudra 10 fois moins de temps ou $\frac{1}{10}$ d'heure, et pour vider entièrement le bassin, il leur faudra 77 fois plus de temps, c'est-à-dire $\frac{77}{10}$ d'heure ou 7 heures $\frac{7}{10}$.

7. La deuxième personne, en un an, fait $\frac{1000}{5}$ ou 200 fr. de dettes ; donc, pour ne pas faire de dettes, elle aurait dû dépenser seulement 450 — 200 ou 250 francs de plus que la première ; la première personne épargne donc 250 francs par an, et comme cette somme représente $\frac{1}{12}$ de son revenu, ce revenu est égal à 250×12 ou à 3000 francs ; l'épargne de cette personne au bout de 5 ans s'élèvera à $250 \times 5 = 1250$ fr.

8. Le fabricant aurait dû recevoir les $\frac{5}{8}$ de 1200 francs ou 750 francs, et les $\frac{5}{8}$ de tout le bois ; il reçoit en réalité 30 fr. de moins, et par compensation, il reçoit en plus les $\frac{3}{8}$ du bois; donc les $\frac{3}{8}$ du bois valent 30 francs, et la valeur de tout le bois est $30 : \frac{3}{8} = 80$ francs.

9. L'hectolitre de houille produit 230×80 ou 18400 litres de gaz ; comme on perd $\frac{1}{18}$ de ce gaz, il n'en reste que les $\frac{17}{18}$, c'est-à-dire $18400 \times \frac{17}{18} = \frac{312800}{18}$ de litre. Pour obtenir $\frac{1}{18}$ de litre de gaz, il faudra 312800 fois moins de houille ou $\frac{1}{312800}$ d'hectolitre; pour avoir 1 litre de gaz, il faudra 18 fois plus de houille ou $\frac{18}{312800}$ d'hectolitre; enfin pour produire 245000 mètres cubes ou 245000000 litres de gaz, il faudra 245000000 fois plus de houille ou $\frac{18 \times 245000000}{312800}$ d'hectolitre, c'est-à-dire 14098 hectolitres $\frac{182}{391}$.

10. La somme des deux parties vaut la seconde partie plus les $\frac{2}{3}$ de cette seconde partie, ou encore les $\frac{5}{3}$ de la seconde partie ; or cette somme est égale à 40 ; donc la seconde partie est égale à $40 : \frac{5}{3} = 24$, et la première vaut les $\frac{2}{3}$ de 24 ou $24 \times \frac{2}{3} = 16$. Comme vérification, on voit que la somme des deux parties 16 et 24 donne bien 40.

11. La somme des deux premières parties vaut $\frac{2}{3}+\frac{4}{11}$ ou $\frac{34}{33}$ de la troisième ; les trois parties réunies équivalent donc à la troisième partie augmentée de ses $\frac{34}{33}$, c'est-à-dire aux $\frac{67}{33}$ de la troisième partie ; or cette somme est égale à 568 ; donc la troisième partie est égale à $568 : \frac{67}{33} = 279\frac{51}{67}$. La première partie est les $\frac{2}{3}$ de ce nombre, ou $279\frac{51}{67} \times \frac{2}{3} = 186\frac{34}{67}$; enfin la seconde partie est égale aux $\frac{4}{11}$ de la troisième, c'est-à-dire à $279\frac{51}{67} \times \frac{4}{11} = 101\frac{49}{67}$.

Vérification. — La somme des trois parties est :
$$186\frac{34}{67} + 101\frac{49}{67} + 279\frac{51}{67} = 568.$$

12. Quand on prend les $\frac{2}{7}$ d'un nombre, le reste en est les $\frac{5}{7}$; on prend les $\frac{5}{6}$ de ce reste, il en reste alors $\frac{1}{6}$, c'est-à-dire $\frac{1}{6}$ des $\frac{5}{7}$ du nombre primitif ou $\frac{5}{42}$ du nombre primitif ; enfin on prélève encore les $\frac{21}{50}$ du nouveau nombre ; il en reste donc les $\frac{29}{50}$, c'est-à-dire les $\frac{29}{50}$ des $\frac{5}{42}$ ou les $\frac{29}{420}$ du nombre primitif ; or ce reste est égal à 41 ; donc le nombre cherché est $41 : \frac{29}{420} = 593\frac{23}{29}$.

13. En un an, l'erreur du calendrier est $365\frac{97}{400} - 365\frac{12111}{50000} = \frac{7}{25000}$ de jour ; au bout d'un siècle elle sera 100 fois plus forte ou $\frac{7}{250}$ de jour. Si, en un an, l'erreur est de $\frac{7}{25000}$ de jour, il faudra 7 fois moins de temps ou $\frac{1}{7}$ d'année pour qu'elle soit de $\dfrac{1}{25000}$ de jour ; et pour qu'elle atteigne 1 jour, il faudra 25000 fois plus de temps ou $\dfrac{25000}{7}$ d'année, c'est-à-dire 3571 ans environ.

14. Puisque le blé perd les $\dfrac{4}{25}$ de son poids, le poids de la farine obtenue n'est que les $\dfrac{21}{25}$ du poids du blé. D'autre part, le poids du pain est égal à celui de la farine augmenté de ses $\dfrac{3}{5}$, c'est-à-dire aux $\dfrac{8}{5}$ du poids de la farine. Or le poids du pain est égal à 100 kilogrammes ; donc celui de la farine est égal à $100 : \dfrac{8}{5} = \dfrac{125}{2}$ de kilogramme, et celui du blé est égal à celui de la farine divisé par $\dfrac{21}{25}$, c'est-à-dire à $\dfrac{125}{2} : \dfrac{21}{25} = \dfrac{3125}{42}$ de kilogramme, ou enfin à 74 kilogrammes $\dfrac{17}{42}$.

15. Le sel qui reste après chaque opération est les $\dfrac{3}{5}$ de la quantité qui existait auparavant ; donc après trois opérations la quantité de sel qui reste sera :

$$10 \times \frac{3}{5} \times \frac{3}{5} \times \frac{3}{5} = \frac{54}{25} = 2 \text{ grammes } \frac{4}{25}.$$

16. La quantité d'eau reste invariable ; dans le premier mélange, elle est égale aux $\dfrac{2}{5}$ de la quantité de vin primitive ; dans le second, elle est égale à $\dfrac{1}{3}$ de cette même quantité plus $\dfrac{1}{3}$ de 30 litres. Donc les $\dfrac{2}{5}$ de la quantité de vin primitive surpassent $\dfrac{1}{3}$ de cette même quantité du tiers de 30 litres ou de 10 litres ; en d'autres termes, $\dfrac{2}{5} - \dfrac{1}{3}$ ou $\dfrac{1}{15}$ de la quantité de vin primitive vaut 10 litres. Le premier mélange contenait donc 10×15 ou 150 litres de vin, et $150 \times \dfrac{2}{5}$ ou 60 litres d'eau.

Vérification. — Le second mélange contient $150 + 30$ ou 180 litres de vin et 60 litres d'eau ; et l'on voit que le second nombre est égal à $\frac{1}{3}$ du premier.

17. A la fin de la première année, le capital s'est accru des $\frac{7}{200}$ de sa valeur, c'est-à-dire qu'il est devenu les $\frac{207}{200}$ de ce qu'il était d'abord. Pareillement, à la fin de la seconde année, sa valeur est les $\frac{207}{200}$ de ce qu'elle était à la fin de la première, c'est-à-dire les $\frac{207}{200}$ des $\frac{207}{200}$ ou les $\frac{42849}{40000}$ de sa valeur initiale. Comme le déposant retire alors 428 francs $\frac{1}{2}$, la somme qu'il avait déposée deux ans auparavant s'obtient en divisant $428\frac{1}{2}$ par $\frac{42849}{40000}$, ce qui donne 400 francs $\frac{400}{42849}$, ou 400 francs environ.

LIVRE III

NOMBRES DÉCIMAUX.

CHAPITRE PREMIER.

NUMÉRATION.

1. Cent, mille, dix mille. Cent, dix mille, cent mille. Mille, cent, un million. Mille, dix mille, cent mille.

2. Le dixième est le 100e de la dizaine, le 1000e de la centaine, le 10000e du mille. Le centième est le 10e du dixième, le 1000e de la dizaine, le 100000e du mille. Le dix-millième est le 100e du centième, le 1000e du dixième, le 100000e de la dizaine. Le dix-millionième est le 1000e du dix-millième, le 100000e du centième, le 10000000e du dixième.

3. Deux unités quatre centièmes ;
Trois unités cinquante-huit centièmes ;
Quatre unités neuf cent quatre-vingt-un millièmes ;
Soixante-quinze millièmes ;
Cinquante-sept unités huit cent treize millièmes ;
Neuf cent quatre-vingt-une unités cinq millièmes ;
Quatre millièmes ;
Quatre cent cinquante huit dix-millièmes ;
Neuf unités huit mille cent trente huit dix-millièmes ;
Soixante-douze unités sept mille six cent trente-quatre
   dix-millièmes ;
Cinq unités soixante-deux mille cinquante et un cent-
   millièmes ;
Quatre mille sept cent quatre-vingt-treize cent-mil-
   lièmes ;
Huit unités trois cent soixante-trois mille huit mil-
   lionièmes ;
Sept millions quatre-vingt-quinze dix-millionièmes ;
Neuf mille six cent une unités quatre mille huit cent
   cinquante-sept dix-millièmes ;

Quatre cent quatre-vingt-neuf unités soixante mille trois
cent quarante-cinq cent-millièmes ;
Six mille quarante-huit unités huit cent quarante-cinq
mille neuf cent soixante-trois millionièmes ;
Cent unités huit dix-millionièmes.

4. 57 unités 564 millièmes 813 millionièmes 7 billionièmes
56 cent-billionièmes ;
3 unités 141 millièmes 592 millionièmes 653 billionièmes
589 trillionièmes 7 dix-trillionièmes ;
2 unités 718 millièmes 281 millionièmes 828 billionièmes ;
5 unités 967 millionièmes 451 billionièmes 863 trillionièmes ;
3 millionièmes 800 billionièmes 6 trillionièmes 2 dix-
trillionièmes.

5. 7,24 ; 56,2 ; 40,05 ; 36,234 ; 8,316 ; 913,028 ; 3.0613 ;
23,7619 ; 6,0367 ; 16,57924 ; 11,00047 ; 2,000648 ;
14,0009512 ; 20,3400018.

6. 21,6 ; 450,7 ; 3,49 , 60,34 ; 0,309 ; 0,0459 : 234.5678 ;
9,12855 ; 0,00274 : 0,09004 ; 6,025308 ; 0,4000068 ;
0,000233 ; 90,0322019.

7. 7,045853239 ; 0,4132159468 ; 0,003000048 ; 0,00005775682 ;
5,003000007.

8. 478,5 ; 87,3 ; 56300 ; 7695 ; 65987,04 ; 3500 ; 800 ;
64785600 ; 56391,48 ; 5830,1.

9. 5,74 ; 4,89546 ; 174,6 ; 0,02309 ; 0,0004 ; 0,638 ; 0,0069314 ;
0,05784 ; 0,0748967 ; 0,0068 ; 0,003.

10. $\dfrac{58}{10}$; $\dfrac{675}{10}$; $\dfrac{438}{100}$; $\dfrac{7}{1000}$; $\dfrac{59639}{1000}$; $\dfrac{170045}{10000}$; $\dfrac{6}{10000}$;
$\dfrac{8134612}{1000}$; $\dfrac{203579}{100000}$; $\dfrac{81362047}{1000000}$.

11. 2,12 ; 0,048 ; 2154,8 ; 290,057 ; 0,1048 ; 0,06545 ; 94,5347 ;
45,32349 ; 56,014813 ; 0,0057321.

CHAPITRE II.

ADDITION DES NOMBRES DÉCIMAUX.

1. 49,756 ; 235,236 ; 271,8893 ; 367,48656 ; 189,2689 ;
191,70034 ; 2489,62 ; 2972,98396.

2. $3^f,20 + 2^f,50 + 0^f,75 + 1^f,95 = 8^f,40.$

3. $2^f,75 + 3^f,60 + 0^f,45 + 0^f,40 = 7^f,20.$

4. $10^f,85 + 21^f,80 + 33^f,95 + 2^f,45 + 9^f,15 = 78^f,20.$

5. $2^{Kg},5 + 3^{Kg},27 + 2^{Kg},65 + 4^{Kg},78 + 0^{Kg},5 = 13^{Kg},7.$

6. $0^{Kg},54 + 2^{Kg},16 + 51^{Kg},3 = 54$ kilogrammes.

7. $4^{tonnes} + 3^{tonnes},65 + 3^{tonnes},41 = 11^{tonnes},06.$

8. $2^{hectares},27 + 1^{hectare},4530 + 0^{hectare},8145 = 4^{hectares},5375.$

9. $1^{mc},01 + 0^{mc},8 + 0^{mc},45 + 0^{mc},75 = 3^{mc},01.$

10. $2^{Km},687 + 3^{Km},692 + 3^{Km},224 = 9^{Km},603.$

11. $0^m,415 + 0^m,689 + 0^m,81 + 0^m,458 + 0^m,045 = 2^m,417.$

CHAPITRE III.

SOUSTRACTION DES NOMBRES DÉCIMAUX.

1. 17,21 ; 41,25 ; 167,1239 ; 6,06816 ; 5,51 ; 21,95 ; 1,25 ; 15,241 ; 24,66055 ; 1524,214752.

2. $83^f,25 - 55^f,40 = 27^f,85.$

3. $29^f,50 - 24^f,20 = 5^f,30.$

4. $7^m,80 - 2^m,75 = 5^m,05.$

5. $47^{Km},5 - 22^{Km},68 = 24^{Km},82.$

6. $3^l,458 - 2^l,23 = 1^l,228.$

7. $34^{Kg},3 - 2^{Kg},92 = 31^{Kg},38.$

8. $22^f,20 - 7^f,55 = 14^f,65.$

9. $365^{jours},25 - 365^{jours},24227 = 0^{jour},00773.$

CHAPITRE IV.

MULTIPLICATION DES NOMBRES DÉCIMAUX.

1. 27,2 ; 129 ; 71,2 ; 1 ; 1478,211 ; 106702,50052 ; 0,26976 ; 8,4096 ; 57,4364 ; 0,59965 ; 124,6356 ; 2090,26829178 ; 9,86965056 ; 2,2904796625 ; 95,5875 ; 1265.

2. $1^f,625 \times 68 = 110^f,50.$

3. Deux semaines équivalent à 12 jours de travail; on devra donc à l'ouvrier $3^f,75 \times 12 = 45$ francs.

4. 2700 fr. $\times 3,2685 = 8824^f,95$.

5. $8^{gr},85 \times 12,3 = 108^{gr},855$.

6. Les 0,9 de $6^{gr},45161$, c'est-à-dire $6^{gr},45161 \times 0,9$ ou $5^{gr},806449$.

7. $0^{lit},8 \times 27,53 = 22^{lit},024$.

8. $7,5 \times 7,5 \times 3,1416 = 176^{mq},715$.

9. 11242000 tonnes $\times 0,285 = 3203970$ tonnes.

10. $0^{kg},029 \times 6,8 \times 7 = 1^{kg},3804$.

CHAPITRE V.

DIVISION DES NOMBRES DÉCIMAUX.

1.

Dividendes.	Diviseurs.	Quotients.	Restes.
36,8	8	4,6	0
43,52	7	6,21	0,05
0,4312	8	0,0539	0
67,45	19	3,55	0
524,045	40	13,101	0,005
214,319	68	3,151	0,051
26,4318	453	0,0583	0,0219
8,038921	164	0,049017	0,000133
8,76214	1967	0,00445	0,00899
464,832	7319	0,063	3,735

2.

Dividendes.	Diviseurs.	Quotients.	Restes.
681,31	2,6	262	0,11
45,9541	0,38	120,93	0,0007
854,6348	5,215	163,8	0,4178
634,78697	0,454	1398,2	0,00417
915,36	7,28	125	5,36
143,714	0,957	150	0,164
8,4611	0,0836	101	0,0175
54,75329	0,00068	80519	0,00037
14,2	0,03416	415	0,0236
36837	748,41	49	164,91
19	0,0317	599	0,0117
1	0,00821	121	0,00659

3. $12 : 40 = 0,3$;
$36 : 225 = 0,16$;
$84 : 210 = 0,4$;
$68 : 2385 = 0,02851$ à $0,00001$ près ;
$64,86 : 80 = 0,81075$;
$4,375 : 112 = 0,0390625$;
$78,65 : 104 = 0,75625$;
$259,347 : 256 = 1,01307421875$;
$41,61068 : 8,087 = 5,145379$ à $0,000001$ près ;
$1109 : 34,488 = 32,15611227$ à $0,00000001$ près ;
$726,495 : 16,28 = 44,625$;
$28850,8097053 : 692,3125 = 41,6731024$.

4. $34 : 7 = 4,9$ à $0,1$ près par excès ;
$18 : 6 = 3$ exactement ;
$45 : 14 = 3,214$ à 0.001 près par défaut ;
$637 : 65 = 9,8$ exactement ;
$9142 : 318 = 28,74843$ à $0,00001$ par excès ;
$63,85 : 8 = 8,0$ à $0,1$ près par excès ;
$79,13 : 27 = 2,93$ à $0,01$ près par défaut ;
$26,7 : 45 = 0,593$ à $0,001$ près par défaut ;
$36,64 : 729 = 0,0503$ à $0,0001$ près par excès ;
$7348,75 : 83 = 88,53916$ à $0,00001$ près par excès ;
$17,854 : 0,47 = 38,0$ à $0,1$ près par excès ;
$0,7348 : 0,091 = 8,07$ à $0,01$ près par défaut ;
$56,816 : 2,3587 = 24,088$ à $0,001$ près par excès ;
$3,4813 : 41,754 = 0,0834$ à $0,0001$ près par excès ;
$17,483 : 0,0456 = 383,39912$ à $0,00001$ près par défaut ;
$7 : 145,9 = 0,047978$ à $0,000001$ près par défaut ;
$1 : 3,14159265 = 0,3183099$ à $0,0000001$ près par excès.

5. $\dfrac{3}{8} = 0,375$; $\dfrac{49}{250} = 0,196$;

$\dfrac{7}{16} = 0,4375$; $\dfrac{237}{512} = 0,462890625$;

$\dfrac{27}{40} = 0,675$; $\dfrac{815}{1024} = 0,7958984375$;

$\dfrac{14}{25} = 0,56$; $\dfrac{4329}{25600} = 0,1691015625$;

$\dfrac{33}{50} = 0,66$; $\dfrac{3128}{3125} = 1,00096$;

$\dfrac{217}{125} = 1,736$; $\dfrac{463}{20480} = 0,022607421875$.

6. $\dfrac{17}{39} = 0,4$ à $0,1$ près par défaut ;

$$\frac{48}{59} = 0,81 \text{ à } 0,01 \text{ près par défaut ;}$$

$$\frac{69}{13} = 5,308 \text{ à } 0,001 \text{ près par excès ;}$$

$$\frac{72}{121} = 0,5950 \text{ à } 0,0001 \text{ près par défaut ;}$$

$$\frac{64}{343} = 0,18659 \text{ à } 0,00001 \text{ près par excès ;}$$

$$\frac{208}{7515} = 0,027678 \text{ à } 0,000001 \text{ près par excès ;}$$

$$\frac{9}{17} = 0,5294118 \text{ à } 0,0000001 \text{ près par excès.}$$

7. $\dfrac{4}{11} = 0,36\ 36\ 36.....$

$\dfrac{6}{7} = 0,857142\ \ 857142\ \ 857142.....$

$\dfrac{15}{17} = 0,88235294117 64705\ \ 88235294117 64705.....$

$\dfrac{9}{13} = 0,692307\ \ 692307\ \ 692307.....$

$\dfrac{14}{37} = 0,378\ 378\ 378.....$

$\dfrac{7}{12} = 0,5833333.....$

$\dfrac{17}{24} = 0,70833333.....$

$\dfrac{13}{28} = 0,46\ \ 428571\ \ 428571\ \ 428571.....$

$\dfrac{61}{176} = 0,3465\ 90\ 90\ 90\ 90.....$

$\dfrac{19}{52} = 0,36\ 538461\ 538461\ 538461.....$

$\dfrac{23}{182} = 0,1\ 263736\ 263736\ 263736....$

8. $5^{\text{kg}},495 : 6 = 0^{\text{kg}},916$ à $0^{\text{kg}},001$ près par excès.

9. $1000^{\text{gr}} : 773 = 1^{\text{gr}},29$ à $0^{\text{gr}},01$ près par défaut.

10. $22^{\text{mc}} : 48 = 0^{\text{mc}},458$ à $0,001$ de mètre cube près par défaut.

21. Pour produire une récolte valant 1 franc, il faudrait $\frac{1}{92}$ d'hectare, et pour produire 568 francs, il faudra $\frac{568}{92}$ d'hectare ou 6^{hectar},1739 à 0,0001 d'hectare près par défaut.

22. $\frac{695}{991}$ de litre, ou 0^{lit},70 à 0,01 de litre près par défaut.

23. 868 kilom. : 21 = 41^{kilom},33 à 0,01 de kilomètre près par défaut.

24. 314,2 : 10,47 = 30^{cc},010 à 0,001 de centimètre cube près par excès.

25. C'est un nombre dont les 0,910 valent 5^{gr},498 ; en d'autres termes, c'est le quotient de 5^{gr},498 divisé par 0,910, ou 6^{gr},042 à 0^{gr},001 près par excès.

26. 112 kilog. : 8,24 = 13^{kilog},592 à 0,001 de kilogramme près par excès.

27. 4,25 : 1,80 = 2^{kilog},361 à 0,001 de kilogramme près par défaut.

28. 11^f,30 : 6,75 = 1^f,67 à 0^f,01 près par défaut.

18 *bis* (1). Je réduis en décimales les fractions qui représentent les masses des diverses planètes comparées à celle du soleil. Je trouve ainsi :

Mercure	0,000 000 229 990 8	par défaut
Vénus	0,000 002 426 301 1	id.
La Terre.	0,000 003 081 863 5	id.
Mars	0,000 000 336 893 2	par excès
Jupiter.	0,000 952 380 952 4	id.
Saturne	0,000 284 738 041 0	par défaut
Uranus.	0,000 048 605 035 5	par excès
Neptune	0,000 057 142 857 1	par défaut

L'erreur de chacun de ces huit nombres est moindre qu'une demi-unité du treizième ordre décimal ; l'erreur de leur somme sera, par conséquent, inférieure à 8 demi-unités ou à 4 unités du treizième ordre décimal. Donc, en ajoutant ces nombres, on aura la solution du problème avec une grande approximation, puisque l'erreur n'atteindra pas une demi-unité du douzième ordre décimal, c'est-à-dire un demi-trillionième. Le résultat est 0,001348942535 par excès ; on voit par là que la masse des huit grosses planètes réunies est moindre que les 0,00135 ou que les $\frac{27}{20000}$ de celle du Soleil.

(1) Nous donnons ici la solution du problème 12 du chapitre IV du livre II, problème qui a été réservé.

PROBLÈMES DE RÉCAPITULATION SUR LES NOMBRES DÉCIMAUX.

1. Le nombre des rails d'une seule voie est 81156 : 2 = 40578 ; la longueur de la voie qui correspond à un rail est $6^m + 0^m,004 = 6^m,004$; donc la longueur totale de la voie sera le produit $6^m,004 \times 40578 = 243630^m,313$.

2. Le nombre des tours faits en 50 minutes sera le quotient de la distance parcourue divisée par la quantité dont la locomotive avance à chaque tour de roue ; c'est-à-dire 32300 : 9,85 = 3279, à une unité près. En une minute, les roues feront 50 fois moins de tours, ou 3279 : 50 = 65,58.

3. Un kilogramme de houille équivaut à $\dfrac{1}{78}$ d'hectolitre, et par conséquent, 100 kilogrammes de houille équivalent à $\dfrac{100}{78}$ d'hectolitre ; cette quantité de houille produit 23 mètres cubes de gaz ; pour avoir un mètre cube de gaz, il faudra employer 23 fois moins de houille ou $\dfrac{100 \text{ hectolitres}}{78 \times 23}$; et enfin, pour obtenir 100 mètres cubes de gaz, il faudra 100 fois plus de houille ou $\dfrac{10000 \text{ hectolitres}}{78 \times 23} = 5^{\text{hectolitres}},57$, à 0,01 d'hectolitre près par défaut.

4. Chaque hectare produit, en moyenne, un nombre d'hectolitres de blé égal à $\dfrac{109460000}{7457000} = \dfrac{109460}{7457} = 14^{\text{hectol}},68$, à 0,01 d'hectolitre près par excès. Pour avoir la valeur de ce blé, on pourrait multiplier $22^f,52$ par 14,68 ; mais il est plus exact de calculer la valeur des 109460000 hectolitres que produit toute la France, ce qui donne 2465039200 francs, et de diviser cette somme par 7457000, ce qui donne $330^f,57$, à $0^f,01$ près par excès.

5. Le produit brut par kilomètre est égal à 665000000^f : 15720 = $42302^f,80$ à $0^f,01$ près par excès. La recette nette totale est égale à 665000000 — 300000000 ou à 365000000 fr. ; le produit net par kilomètre est donc 365000000^f : 15720 = $23218^f,83$, à $0^f,01$ près par excès.

6. Le prix total de l'alliage sera de
$$43^f,50 + 27 \text{ fr.} + 12 \text{ fr.} = 82^f,50.$$

S'il n'y avait aucun déchet, le poids de cet alliage serait de $2^{kilog.},25 + 5^{kilog.},6 = 7^{kilog.},85$; mais comme on perd les 0,02 de cet alliage, le poids net obtenu sera les 0,98 de $7^{kilog.},85$, ou $7^{kilog.},85 \times 0,98 = 7^{kilog.},693$; le prix total de cet alliage étant de $82^{f},50$, le kilogramme coûtera

$$82^{f},50 : 7,693 = 10^{f},72,$$

à $0^{f},01$ près par défaut.

7. Le poids des betteraves nécessaires pour donner 87500 kilogrammes de sucre est un nombre dont les 0,07 sont égaux à 87500 ; en d'autres termes, c'est le quotient de $87500 : 0,07 = 1250000$ kilogrammes. Ce nombre équivaut à 1250 fois 1000 kilogrammes, et comme 1000 kilogrammes de betteraves valent $16^{f},50$, 1250000 kilogrammes vaudront $16^{f},50 \times 1250 = 20625$ francs. Puisqu'un mètre carré de terre produit $3^{kilog.},125$ de betteraves, pour en produire 1250000 kilogrammes, il faudra autant de mètres carrés que de fois le nombre 3,125 est contenu dans 1250000, c'est-à-dire $1250000 : 3,125 = 400000$ mètres carrés.

8. Je suppose, pour fixer les idées, que le libraire achète à l'éditeur 13 volumes à 1 franc ; l'éditeur, lui faisant la remise du treizième, lui comptera ces 13 volumes à 12 francs ; il lui remettra en outre les 0,24 de cette somme, ou $12^{f} \times 0,24 = 2^{f},88$; par conséquent, le prix net que touchera l'éditeur sera 12 fr. $- 2^{f},88 = 9^{f},12$. Le libraire supporte en outre les frais de port et de brochage, qui s'élèvent à 2 centièmes et demi ou 0,025 de 12 francs, c'est-à-dire à 12 fr. $\times 0,025 = 0^{f},30$. Ainsi, pour avoir 13 volumes d'une valeur de 13 francs, le libraire déboursera en tout $9^{f},12 + 0^{f},30 = 9^{f},42$; sa remise sur une somme de 13 francs se réduit donc à $13^{f} - 9^{f},42 = 3^{f},58$; pour une valeur de 1 franc, elle sera 13 fois plus petite ou $\dfrac{3^{f},58}{13}$, et pour 100 francs, elle sera égale à $\dfrac{358}{13}$ de franc, ou à 27 fr. $\dfrac{7}{13}$. Mais comme le libraire fait lui-même une remise de 17 francs par 100 francs, son bénéfice ne sera plus que de 27 fr. $\dfrac{7}{13} - 17$ fr. $= 10$ fr. $\dfrac{7}{13} = \dfrac{137^{f}}{13}$ par 100 francs ; pour 1 franc, il sera 100 fois plus petit, ou $\dfrac{137^{f}}{1300}$, et pour 6548 francs il sera de $\dfrac{137 \times 6548}{1300} = 690^{f},06$, à $0^{f},01$ près par excès.

9. Les dépenses faites par le pépiniériste en trois ans

s'élèvent à 2700 fr. — 1138^f,38 = 1561^f,62 ; ces dépenses comprennent d'abord le loyer de la terre pendant trois ans, c'est-à dire 150^f × 1,07 × 3 = 481^f,50 ; le reste des dépenses, soit 1561^f.62 — 481^f,50 = 1080^f,12, représente les frais d'achat et de culture des arbres qui s'élèvent pour chacun à 1^f + 0^f,25 × 3 = 1^f,75. Le nombre des arbres plantés se trouve alors en divisant 1080,12 par 1,75, ce qui donne 617 arbres, à une unité près. La moitié des arbres ayant péri, il n'en reste que 309 qui sont vendus 2700 francs ; le prix de vente de chacun d'eux est donc 2700^f : 309 = 8^f,73, à 0^f,01 près par défaut.

10. 135 mètres de toile à 2^f,45 le mètre valent 2^f,45 × 135 = 330^f,75 ; 32 journées d'ouvrière à 2 francs valent 2^f × 32 = 64 francs ; les 4 douzaines de chemises reviennent donc à

$$330^f,75 + 64^f + 3^f,60 = 398^f,35 ;$$

4 douzaines valent 48 ; donc le prix de revient d'une chemise est 398^f,35 : 48 = 8^f,30, à 0^f,01 près par excès.

11. On a récolté sur cette terre un nombre d'hectolitres de blé égal à 16$^{hectol.}$,85 × 3,15 = 53$^{hectol.}$,0775 ; le poids de ce blé est, à raison de 76 kilogrammes par hectolitre, 76 kilog. × 53,0775 = 4033$^{kilog.}$,89. Puisque 120 kilogrammes de blé se vendent 32 francs, un kilogramme de blé se vendra 120 fois moins ou $\dfrac{32^f}{120}$, et 4033^{Kg},89 se vendront $\dfrac{32^f}{120}$ × 4033,89 = 1075^f,70, à 0^f,01 près par défaut.

12. La valeur de la matière première étant les 0,27 de la valeur totale, le prix de la main-d'œuvre représente les 0,73 de la valeur totale, ou 65000000^f × 0,73 = 47450000 francs. D'autre part, le nombre total des journées est égal à 240 × 240000 = 57600000 ; le prix moyen d'une journée d'ouvrière est donc 47450000^f : 57600000 = 0^f,82, à 0^f,01 près par défaut.

13. La valeur de l'huile brûlée dans la première lampe en une heure est 1^f,15 × 0,065 = 0^f,07475, et la valeur de l'huile brûlée pendant le même temps dans la seconde lampe est 1^f,45 × 0,05 = 0^f,0725 ; la seconde lampe est donc plus économique, et pour une heure l'économie est 0^f,07475 — 0^f,0725 = 0^f,00225 ; pour 6 heures l'économie est 0^f,00225 × 6, et pour l'année entière qui vaut 365 jours, elle s'élèvera à 0^f,00225 × 6 × 365 = 4^f,9275, ou simplement, 4^f,93 à 0^f,01 près par excès.

14. Si de 155^f,29, on retranche le prix du timbre, 0^f,25, le reste 155^f,04 représente la somme qui a été envoyée, augmentée de ses 0,02, c'est-à-dire les 102 centièmes de cette somme ; en d'autres termes, 155^f,04 est le produit de la somme cherchée par 102 centièmes ou 1,02 ; par conséquent, la somme inconnue est égale à 155^f,04 : 1,02 = 152^f,20.

15. 1000 pièces de 5 francs pèsent 25^{gr} × 1000 ou 25000 grammes ; le poids d'argent pur qu'elles contiennent est les 0,9 de 25000 grammes ou 25000^{gr} × 0,9 = 22500 grammes ; d'autre part, une pièce de 2 francs contient les 0,835 de son poids d'argent pur ou 10^{gr} × 0,835 = 8^{gr},35 ; autant de fois ce poids sera contenu dans 22500 grammes, autant on pourra faire de pièces de 2 francs avec 1000 pièces de 5 francs ; j'obtiendrai donc ce nombre en divisant 22500 par 8,35, ce qui donne 2694 à une unité près. Le poids de ces pièces est 10^{gr} × 2694 = 26940 grammes ; et comme les 0,835 de ce poids sont constitués par de l'argent pur, le reste, ou les 0,165 du poids total, est constitué par du cuivre. Le poids du cuivre est donc 26940^{gr} × 0,165 = 4445^{gr},1 ; mais le poids du cuivre contenu dans les 1000 pièces de 5 francs est le 0,1 du poids de ces pièces, c'est-à-dire 2500 grammes ; donc le cuivre qu'il faudra ajouter à ces pièces pèsera 4445^{gr},1 — 2500 grammes, ou 1945^{gr},1.

16. 17 arpents valent 0^{hectare},5107 × 17 = 8^{hectares},6819 ; à raison de 2180 francs l'hectare, la valeur actuelle de cette terre sera 2180^f × 8,6819 = 18926^f,542. L'accroissement de valeur de cette terre est donc 18926^f,542 — 13000^f = 5926^f,542 ; pour un hectare, l'accroissement de valeur sera 5926^f,542 : 8,6819 = 682^f,63 à 0^f,01 près par défaut.

17. Le déchet représentant les 0,04 du poids total des métaux employés, le poids de la pièce n'est que les 0,96 du poids total ; ce dernier poids est donc égal à 328 kilog. : 0,96 ou à 341^{kilogr},667, à 0^{kilogr},001 près par excès. Le cuivre forme les 0,89, et l'étain les 0,11 de ce poids ; donc le poids du cuivre employé est 341^{kilogr},667 × 0,89 = 304^{kilogr},083 et celui de l'étain est 341^{kilogr},667 × 0,11 = 37^{kilogr},583, à 0^{kilogr},001 près pour chacun d'eux. D'autre part, le cuivre vaut 230^f : 100 ou 2^f,30 le kilogramme, et l'étain, 2^f,64 ; donc la valeur des deux métaux est

$$2^f,30 × 304,083 + 2^f,64 × 37,583 = 798^f,61,$$

à 0^f,01 près par défaut.

18. En un an, cet ouvrier dépense pour son tabac 0^f,10 × 365 = 36^f,50 ;   en un jour il mange pour 0^f,45 × 0,8 = 0^f,36 ; par conséquent, avec 36^f,50 qu'il dépense pour son tabac en un an, il pourrait se procurer le pain nécessaire pour un nombre de jours égal à 36,50 : 0,36 = 101 jours, à 1 jour près par défaut.

19. 450 kilogrammes de bois valent 17^f,50 ; 1 kilogramme de bois vaudra $\dfrac{17^{f},50}{450}$, et 1000 kilogrammes de bois vaudront

1000 fois plus ou $\dfrac{17500^{f}}{450} = 38^{f},89$, à 0,01 près par excès.

20. 4 kilogrammes de farine donnant $5^{kilogr.},2$ de pain, 1 kilog. de farine donnera 4 fois moins de pain, ou $5^{kilogr.},2 : 4 = 1^{kilogr.},3$. En un an, la famille consommera $3^{kilogr.},5 \times 365 = 1277^{kilogr.},5$ de pain ; le poids de la farine nécessaire à la fabrication de ce pain s'obtiendra en divisant le poids total du pain par le poids du pain que donne 1 kilogramme de farine, c'est-à-dire 1277,5 par 1,3 ; on a ainsi $982^{kilogr.},692$, à $0^{kilogr.},001$ près par défaut.

Or 157 kilogrammes de farine coûtent 69 francs ; 1 kilogramme de farine coûte 157 fois moins ou $\dfrac{69^{f}}{157}$, et $982^{kilogr.},692$ de farine

coûtent $\dfrac{69 \times 982,692}{157} = 431^{f},88$, à $0^{f},01$ près par défaut. A cette somme, il faut ajouter les frais de cuisson qui montent à 21 francs, et le total $452^{f},88$ représente la dépense totale de l'année. En divisant cette dépense par le poids total du pain, $1277^{kilogr.},5$, on aura le prix de revient du kilogramme de pain ; il sera donc égal à

$$452^{f},88 : 1277,5 = 0^{f},35,$$

à $0^{f},01$ près par défaut.

LIVRE IV

SYSTÈME MÉTRIQUE.

CHAPITRE PREMIER

NOTIONS SUR LA MESURE DES GRANDEURS.

Pas d'exercices.

CHAPITRE II.

UNITÉS DE LONGUEUR.

1. Le décamètre vaut

    100 décimètres,
    1000 centimètres,
    10000 millimètres.

Le kilomètre vaut

    10 hectomètres,
    100 décamètres,
    10000 décimètres,
    100000 centimètres,
    1000000 millimètres.

2. Le décamètre vaut

    0,1 d'hectomètre,
    0,01 de kilomètre,
    0,001 de myriamètre.

Le décimètre vaut

    0,01 de décamètre,
    0,001 d'hectomètre,
    0,0001 de kilomètre.

Le centimètre vaut

    0,1 de décimètre,
    0,001 de décamètre,
    0,0001 d'hectomètre.

Le millimètre vaut

    0,01 de décimètre,
    0,1 de centimètre.

3. Le méridien terrestre vaut 40000000 de mètres, ou 40000 kilomètres ou 4000 myriamètres.

4. Cinq mètres quatre décimètres ;
Trois mètres vingt-cinq centimètres ;
Quatre mètres cinq cent quatre millimètres ;
Deux décamètres trente-six décimètres ;
Deux décamètres trois cent neuf centimètres ;
Huit kilomètres deux cent cinquante-quatre mètres ;
Trente-huit myriamètres deux cent cinquante-deux décamètres ;
Dix-sept hectomètres trente et un mètres ;
Trois cent cinquante-huit mètres ;
Vingt et un décimètres soixante-quinze millimètres ;
Deux cent dix-neuf décimètres six centimètres ;
Vingt-huit centimètres quarante-cinq centièmes ;
Trente-neuf centimètres soixante-douze centièmes ;
Quatorze millimètres deux dixièmes ;
Trois mille cinq cent quatre-vingt-dix millimètres.

5. 5 mètres 4 décimètres ;
3 mètres 2 décimètres 5 centimètres ;
4 mètres 5 décimètres 4 millimètres ;
2 décamètres 3 mètres 6 décimètres ;
2 décamètres 3 mètres 9 centimètres ;
8 kilomètres 2 hectomètres 5 décamètres 4 mètres ;
38 myriamètres 2 kilomètres 5 hectomètres 2 décamètres ;
1 kilomètre 7 hectomètres 3 décamètres 1 mètre ;
3 hectomètres 5 décamètres 8 mètres ;
2 mètres 1 décimètre 7 centimètres 5 millimètres ;
2 décamètres 1 mètre 9 décimètres 6 centimètres ;
2 décimètres 8 centimètres 4 millimètres 5 dixièmes de millimètre ;
3 décimètres 9 centimètres 7 millimètres 2 dixièmes de millimètre ;
1 centimètre 4 millimètres 2 dixièmes de millimètre ;
3 mètres 5 décimètres 9 centimètres.

6. $14^{Dm},45 = 0^{Km},1345 = 134^{m},5 = 13450$ c.
$17^{Dm},246 = 0^{Km},17246 = 172^{m},46 = 17246$ c.
$8^{hm},25 = 0^{Km},825 = 825$ m. $= 82500$ c.
2391 hm. $= 239^{Km},1 = 239100$ m. $= 23910000$ c.
$0^{Mm},454 = 4^{Km},54 = 4540$ m. $= 454000$ c.
$2^{Mm},0514 = 20^{Km},514 = 20514$ m. $= 2051400$ c.
$15^{hm},8 = 1^{Km},58 = 1580$ m. $= 158000$ c.
$6315^{dm},57 = 0^{Km},631557 = 631^{m},557 = 63155^{c},7.$
$5141^{c},3 = 0^{Km},051413 = 51^{m},413 = 5141^{c},3.$
$0^{m},753 = 0^{Km},000753 = 0^{m},753 = 75^{c},3.$

$4^{Km},529 = 4^{Km},529 = 4529$ m. $= 452900$ c.
175489 mm. $= 0^{Km},175489 = 175^{m},489 = 17548^{c},9$.

7. $17^{m},53$; $30^{m},48$; 2503 m. ; 75 m. ; $481^{m},3$; $52^{m},679$; $3908^{m},9$.

8. $7^{Km},314$; $43^{Km},8$; $26^{Km},94$; 6280 km. ; $2^{Km},4869$; $27^{Km},59$; $1530^{Km},503$.

9. 340 mm. ; 2637 mm. ; 2370 mm. ; $637^{mm},9$; $93^{mm},7$.

10. 512 km. $+ 351$ km. $= 863$ km.

11. L'allongement de la barre est $1^{m},4587 - 1^{m},4567 = 0^{m},002 = 2$ millimètres. Si une barre dont la longueur est de $1^{m},4567$, s'allonge de 2 mm., l'allongement d'une barre de 1 mètre sera

$$2^{mm} : 1,4567 = 1^{mm},373,$$

à $0^{mm},001$ près par excès.

12. $42^{Km},8 \times 7 = 299^{Km},6$.

13. En 1 heure, les deux trains se rapprochent de $45^{Km},511 + 30^{Km},118 = 75^{Km},629$; en 3 heures, ils se rapprocheront de $75^{Km},629 \times 3 = 226^{Km},887$; et comme ils étaient d'abord éloignés de 512 kilomètres, leur distance ne sera plus que de 512 km. $- 226^{Km},887 = 285^{Km},113$.

14. Pour chaque épingle, il faut 3 centimètres 2 millimètres, ou $0^{m},032$ de fil ; on fera donc autant d'épingles que de fois la longueur $0^{m},032$ est contenue dans $41^{m},60$; il faut donc diviser $41,60$ par $0,032$, ce qui donne 1300 épingles.

15. Pour avancer d'un centimètre, la vis devra faire un nombre de tours égal à $\dfrac{24}{4,5}$, et pour avancer de 5 centimètres, un nombre de tours égal à $\dfrac{24 \times 5}{4,5} = 26$ tours $\dfrac{2}{3}$.

16. $17^{c},3 \times 112 = 1937^{c},6 = 19^{m},376$.

17. La longueur réelle de la chaîne est 10 mètres plus 24 centimètres, ou $10^{m},24$; et celle de chaque chaînon est $10^{m},24 : 50 = 0^{m},2048$; par suite la longueur mesurée vaut $10^{m},24 \times 36 + 0^{m},2048 \times 34 = 375^{m},6032$, ou simplement, $375^{m},60$, à un centimètre près.

18. Le nœud vaut $1851^{m},851$; donc en 24 heures, ce paquebot parcourra une distance égale à

$$1851^{m},851 \times 8 \times 24 = 355555 \text{ mètres,}$$

à 1 mètre près.

19. La lieue métrique vaut 4 kilomètres ou $0^M,4$; donc la distance du soleil à la terre est égale à

$$0^M,4 \times 37000000 = 14800000 \text{ myriamètres.}$$

20. La lieue marine vaut $5555^m,555...$, ou $5^{Km},555...$; donc 87 lieues marines valent

$$5^{Km},5555... \times 87 = 483^{Km},3333....$$

La lieue marine est le vingtième du degré ; donc le tour de la terre contient 20×360 ou 7200 lieues marines ; pour savoir combien 87 lieues marines sont contenues dans le tour de la terre, il suffit de diviser 7200 par 87, ce qui donne 82, à une unité près.

CHAPITRE III.

UNITÉS DE SUPERFICIE.

1. Le myriamètre carré vaut

1000000	décam. car.
10000000000	décim. car.
1000000000000000	millim. car.

L'hectomètre carré vaut

10000	mètres car.
1000000	décim. car.
100000000	centim. car.

Le décamètre carré vaut

10000	décim. car.
1000000	centim. car.
100000000	millim. car.

Les rapports des unités de surfaces sont résumés dans le tableau suivant, où chaque nombre indique combien de fois l'unité inscrite sur la même ligne horizontale que lui, contient l'unité inscrite dans la même colonne verticale.

	Centimètre carré.	Décimètre carré.	Mètre carré.	Décamètre carré.	Hectomètre carré.	Kilomètre carré.	Myriamètre carré.
Millimètre carré.	100	10000	1000000	100000000	10000000000	1000000000000	100000000000000
Centimètre carré.		100	10000	1000000	100000000	10000000000	1000000000000
Décimètre carré.			100	10000	1000000	100000000	10000000000
Mètre carré.				100	10000	1000000	100000000
Décamètre carré.					100	10000	1000000
Hectomètre carré.						100	10000
Kilomètre carré.							100
Myriamètre carré.							

2. Le millimètre carré vaut 0,0001 de décim. carré,
0,000001 de mètre carré,
0,0000000001 d'hectom. carré.
Le centimètre carré vaut 0,0001 de mètre carré,
0,000001 de décam. carré,
0,00000001 d'hectom. carré.
Le décimètre carré vaut 0,0001 de décam. carré,
0,000001 d'hectom. carré,
0,0000000001 de myriam. car.

Le tableau suivant fait connaître la valeur de chacune des unités de surface par rapport aux unités supérieures.

Myriamètre carré.	Kilomètre carré.	Hectomètre carré.	Décamètre carré.	Mètre carré.	Décimètre carré.	Centimètre carré.	Millimètre carré.
0,01							
0,0001	0,01						
0,000001	0,0001	0,01					
0,00000001	0,000001	0,0001	0,01				
0,0000000001	0,00000001	0,000001	0,0001	0,01			
0,000000000001	0,0000000001	0,00000001	0,000001	0,0001	0,01		
0,00000000000001	0,000000000001	0,0000000001	0,00000001	0,000001	0,0001	0,01	

3. L'hectare vaut

0,0001	de myriamètre carré,
0,01	de kilomètre carré,
1	hectomètre carré,
100	décamètres carrés,
10000	mètres carrés,
1000000	décimètres carrés,
100000000	centimètres carrés,
10000000000	millimètres carrés.

L'are vaut		
	0,000001	de myriamètre carré,
	0,0001	de kilomètre carré,
	0,01	d'hectomètre carré,
	1	décamètre carré,
	100	mètres carrés,
	10000	décimètres carrés,
	1000000	centimètres carrés,
	100000000	millimètres carrés.
Le centiare vaut		
	0,00000001	de myriamètre carré,
	0,000001	de kilomètre carré,
	0,0001	d'hectomètre carré,
	0,01	de décamètre carré,
	1	mètre carré,
	100	décimètres carrés,
	10000	centimètres carrés,
	1000000	millimètres carrés.

4. Le dixième du mètre carré vaut 10 décimètres carrés ; le centième du mètre carré vaut 100 centimètres carrés ; le millième du mètre carré vaut 1000 millimètres carrés. Le 1000e du décamètre carré vaut 10 décimètres carrés ; le 100000e du kilomètre carré vaut 10 mètres carrés ; le 10e du centimètre carré vaut 10 millimètres carrés ; le 1000e du myriamètre carré vaut 10 hectomètres carrés ; le 10000000e du kilomètre carré vaut 10 décimètres carrés.

5. 987^{hmq},364 = 9 kilomètres carrés 87 hectomètres carrés 36 décamètres carrés 40 mètres carrés ;

28^{Kmq},4539 = 28 kilomètres carrés 45 hectomètres carrés 39 décamètres carrés ;

0^{mq},053642 = 5 décimètres carrés 36 centimètres carrés 42 millimètres carrés ;

64297^{mq},36789 = 6 hectomètres carrés 42 décamètres carrés 97 mètres carrés 36 décimètres carrés 78 centimètres carrés 90 millimètres carrés ;

215^{mq},6075248 = 2 décamètres carrés 15 mètres carrés 60 décimètres carrés 75 centimètres carrés 23 millimètres carrés 8 dixièmes de millimètre carré ;

5340^{dmq},751 = 53 mètres carrés 40 décimètres carrés 75 centimètres carrés 10 millimètres carrés ;

19345^{cq},783 = 1 mètre carré 93 décimètres carrés 45 centimètres carrés 78 millimètres carrés 3 dixièmes de millimètre carré ;

3592000 mmq. = 3 mètres carrés 59 décimètres carrés 20 centimètres carrés.

6. 0^{Kmq},00172534 = 0^{hmq},172534 = 1725^{mq},34 ;

0^{Kmq},02871963 = 2^{hmq},871963 = 28719^{mq},63 ;

$29^{Kmq},408439 = 2940^{hmq},8439 = 29408439$ m.q. ;
$637^{Kmq},0872 = 63708^{hmq},72 = 637087200$ m.q. ;
$29^{Kmq},030005 = 2903^{hmq},0005 = 29030005$ m.q. ;
$0^{Kmq},34000043 = 34^{hmq},000043 = 340000^{mq},43$;
$0^{Kmq},000042082 = 0^{hmq},0042082 = 42^{mq},082$;
$0^{Kmq},0014380009 = 0^{hmq},14380009 = 1438^{mq},0009$;
$8^{Kmq},07061 = 807^{hmq},061 = 8070610$ m.q.

7. $3417^{hmq},45 = 34^{Kmq},1745 = 34174500$ m.q. ,
$22^{Mq} 35098 = 2235^{Kmq},098 = 2235098000$ m.q. ;
$54839^{Dmq},7052 = 5^{Kmq},48397052 = 5483970^{mq},52$;
$0^{Mq},00027321 = 0^{Kmq},027321 = 27321$ m.q. ;
$6^{hmq},780349 = 0^{Kmq},06780349 = 67803^{mq},49$;
$2139^{mq},7521 = 0^{Km},0021397521 = 2139^{mq},7521$;
$19345^{dmq},875 = 0^{Kmq},00019345875 = 193^{mq},45875$;
4315847 dm.q. $= 0^{Kmq},04345847 = 43458^{mq},47$;
36413900 mm.q. $= 0^{Kmq},0000364139 = 36^{mq},4139$.

8. $4372^{dmq},275 = 0^{ha},004372275 = 0^{a},4372275 = 43^{ca},72275$;
$0^{Kmq},047821 = 4^{ha},7821 = 478^{a},21 = 47821$ ca. ;
$692^{Dmq},953 = 6^{ha},92953 = 692^{a},953 = 69295^{ca}.3$;
$11^{Mq}.3512 = 113512$ ha. $= 11351200$ a. $= 1135120000$ ca.;
$48757^{mq},6 = 4^{ha},87576 = 487^{a},576 = 48757^{ca},6$;
4327804 m.q. $= 432^{ha},7804 = 43278^{a},04 = 4327804$ ca. ;
234849000 dm.q. $= 234^{ha},849 = 23484^{a},9 = 2348490$ ca. ;
$569^{hmq},8075 = 569^{ha},8075 = 56980^{a},75 = 5698075$ ca. ;
$0^{hmq},95214 = 0^{ha},95214 = 95^{a},214 = 9521^{ca},4$;
$3648^{Dmq},7 = 36^{ha},487 = 3648^{a},7 = 364870$ ca.

9. La superficie d'un rouleau est égale à $48^{dmq} \times 12 = 576$ dm q. ; celle des murs de la chambre est de 52 m. q. ou de 5200 dm.q. ; il faudra autant de rouleaux de papier que de fois 576 est contenu dans 5200, c'est-à-dire 9 rouleaux et $\dfrac{1}{325}$ de rouleau, ou encore 9 rouleaux et $\dfrac{12}{325}$ de mètre, soit enfin 9 rouleaux 37 millimètres.

10. 568087 hectares équivalent à $5680^{Kmq},87$; donc la population spécifique du département du Nord est le quotient de 1392041 divisé par 5680,87, ou 245 à une unité près.

11. $2580^{f} \times 2,2817 = 5886^{f},786$, ou simplement $5886^{f},79$, à un demi-centime près par excès.

12. Pour une longueur de tuyau d'un centimètre, il faudra une surface de tôle de $\dfrac{0^{mq},3268}{65}$, et pour une longueur de tuyau de $4^{m},75$ ou 475 centimètres, il faudra une surface 475 fois plus grande, ou $\dfrac{0^{mq},3268 \times 475}{65} = 2^{mq},3951$, à un demi-centimètre carré près par excès

13. $\dfrac{369}{75}$ d'hectare, ou $4^{ha},92$.

14. La superficie de la pièce exprimée en centimètres carrés, est 615900 c.q. ; il faudra, pour la carreler, autant de briques que de fois la superficie d'une brique, $146^{cq},14$, est contenue dans 615900 c.q. ; le nombre des briques est donc le quotient de 615900 divisé par 146,14 ou 4214, à une unité près par défaut.

15. $\dfrac{475}{17}$ de mètre carré ou $27^{mq},9412$, à un demi-centimètre carré près.

16. La superficie de chacune des zones tempérées est
$$5093000 \text{ M.q.} \times 0,26 = 1324180 \text{ M.q.} ;$$
celle de chaque zone glaciale est de même
$$5093000 \text{ M.q.} \times 0,04 = 203720 \text{ M.q.}$$
Comme il y a deux zones tempérées et deux zones glaciales, la superficie de la zone torride s'obtiendra en retranchant de la surface entière de la terre le double de chacun des nombres précédents ; elle est donc
$$5093000 \text{ M.q.} - 1324180 \text{ M.q.} \times 2 - 203720 \text{ M.q.} \times 2,$$
ou $\qquad\qquad 2037200$ M.q.

CHAPITRE IV.

UNITÉS DE VOLUME ET DE CAPACITÉ.

1. Le mètre cube vaut

            1000 décimètres cubes,
      1000000 centimètres cubes,
   1000000000 millimètres cubes.

Le mètre cube vaut

         1 stère,
      10 décistères,
      10 hectolitres,
    100 décalitres,
   1000 litres,
  10000 décilitres,
100000 centilitres.

Le décimètre cube vaut   1000 centimètres cubes,
                               1000000 millimètres cubes,
                                     1 litre,
                                    10 décilitres,
                                   100 centilitres.

2. Le millimètre cube vaut 0,000000001 de mètre cube,
                                  0,000001 de décimètre cube,
                                  0,000001 de litre,
                                  0,00001 de décilitre,
                                  0,0001 de centilitre.

Le centimètre cube vaut 0,000001   de mètre cube,
                          0,001   de litre,
                          0,01   de décilitre,
                          0,1   de centilitre,
                          0,0001   de décalitre,
                          0,00001   d'hectolitre.

L'hectolitre vaut   0,1   de mètre cube,
                          0,01   de décastère,
                          1   décistère.

3. Le dixième du mètre cube vaut 100 décimètres cubes ;
Le centième du mètre cube vaut 10000 centimètres cubes ;
Le millième du mètre cube vaut 1000000 millimètres cubes.
Le 10°   du mètre cube vaut   100 décimètres cubes;
Le 100°   —   10 décimètres cubes;
Le 10000°   —   100 centimètres cub. ;
Le 100000°   —   10 centimètres cub. ;

Le 10°   du décimètre cube vaut 100 centimètres cub. ;
Le 100°   —   10 centimètres cub. ;
Le 10000°   —   100 millimètres cub. ;
Le 100000° —   10 millimètres cub. ;

Le 10°   de l'hectolitre vaut   1 décalitre ;
Le 100°   —   1 litre ;
Le 10000°   —   1 centilitre ;
Le 100000°   —   1 centimètre cube.

4. $27^{mc},43$ = 27 mètres cubes 430 décimètres cubes ;
$214^{mc},6712$ = 214 mètres cubes 671 décimètres cubes
    200 centimètres cubes ;
$0^{mc},347722$ = 347 décimètres cubes 722 centimètres
    cubes ;
$3728^{dmc},9542$ = 3 mètres cubes 728 décimètres cubes
    954 centimètres cubes 200 millimètres cubes ;
$26^{dmc},80954$ = 26 décimètres cubes 809 centimètres cubes
    540 millimètres cubes ;

$4823^{cc},214 = 4$ décimètres cubes 823 centimètres cubes 214 millimètres cubes ;

$32000^{cc},02 = 32$ décimètres cubes 20 millimètres cubes ;

8732341 mm.c. $= 8$ décimètres cubes 732 centimètres cubes 341 millimètres cubes ;

$30072^{mmc},8 = 30$ centimètres cubes 72 millimètres cubes 8 dixièmes de millimètre cube.

5. $3^{mc},450 = 34$ hectolitres 5 décalitres ;

$0^{mc},39562 = 3$ hectolitres 9 décalitres 5 litres 6 décilitres 2 centilitres ;

$347^{dmc},953 = 3$ hectolitres 4 décalitres 7 litres 9 décilitres 5 centilitres 3 dixièmes de centilitre ;

21415 c.c. $= 2$ décalitres 1 litre 4 décilitres 1 centilitre 5 dixièmes de centilitre ;

346500 c.c. $= 3$ hectolitres 4 décalitres 6 litres 5 décilitres ;

$0^{mc},03264 = 3$ décalitres 2 litres 6 décilitres 4 centilitres ;

$25^{dmc},420 = 2$ décalitres 5 litres 4 décilitres 2 centilitres ;

$815^{l},24 = 8$ hectolitres 1 décalitre 5 litres 2 décilitres 4 centilitres ;

$13^{Dl},394 = 1$ hectolitre 3 décalitres 3 litres 9 décilitres 4 centilitres ;

$39^{hl},6702 = 39$ hectolitres 6 décalitres 7 litres 2 centilitres.

6. $33^{mc},216059805 = 33216^{dmc},059805$;

$45^{mc},03769 = 45037^{dmc},69$;

$8^{mc},000316 = 8000^{dmc},316$;

$4^{mc},0050072 = 4005^{dmc},0072$;

$6^{mc},0200003 = 6020^{dmc},0003$;

$0^{mc},043239219 = 43^{dmc},239219$;

$0^{mc},060028 = 60^{dmc},028$;

$0^{mc},006434 = 0^{dmc},434$;

$0^{mc},0007129 = 0^{dmc},7129$;

$0^{mc},0000052 = 0^{dmc},0052$.

7. $4312^{mc},5723 = 4312572^{dmc},3 = 4312572300$ c.c. ;

$87^{mc},301248 = 87301^{dmc},248 = 87301248$ c.c. ;

$0^{mc},0256043 = 25^{dcm},6043 = 25604^{cc},3$;

$62962^{dmc},8421 = 62^{mc},9628421 = 62962842^{cc},1$;

348285 dm.c. $= 348^{mc},285 = 348285000$ c.c. ;

$787819^{cc},34 = 0^{mc},78781934 = 787^{dmc},81934$;

$118^{cc},9641 = 0^{mc},0001189641 = 0^{dmc},1189641$;

$245^{l},314 = 0^{mc},245314 = 245^{dmc},314 = 245314$ c.c. ;

$13^{hl},7923 = 1^{mc},37923 = 1379^{dmc},23 = 1379230$ c.c. ;

$8^{Dl},36745 = 0^{mc},0836745 = 83^{dmc},6745 = 83674^{cc},5$.

8. $3^{mc},29674 = 32^{hl},9674 = 3296^{l},74$;
$0^{mc},3459 = 3^{hl},459 = 345^{l},9$;
$0^{mc},08527 = 0^{hl},8527 = 85^{l},27$;
$52^{dmc},573 = 0^{hl},52573 = 52^{l},573$;
$453^{dmc},601 = 4^{hl},53601 = 453^{l},601$;
1423450 c.c. $= 14^{hl},2345 = 1423^{l},45$;
$9809^{cc},4 = 0^{hl},098094 = 9^{l},8094$;
$2328^{l},714 = 23^{hl},28714$;
$3607^{dl},87 = 3^{hl},60787 = 360^{l},787$;
$634^{Dl},398 = 63^{hl},4398 = 6343^{l},98$.

9. La capacité du réservoir en hectolitres est $2^{hl},81 \times 228 = 640^{hl},68$, ou bien $64^{mc},068$, ou encore 64 mètres cubes 68 décimètres cubes.

10. Le prix de 49 mètres cubes de sable en carrière sera $1^{f},80 \times 49 = 88^{f},20$; le transport de $1^{mc},23$ coûte $1^{f},50$; celui d'un mètre cube coûtera $\dfrac{1^{f},50}{1,23}$, et enfin celui de 49 mètres cubes coûtera $\dfrac{1^{f},50 \times 49}{1,23} = 59^{f},75$, à $0^{f},01$ près. Donc enfin le prix de revient du sable sera $88^{f},20 + 59^{f},75 = 147^{f},95$.

11. 18 m.c. $\times 7\dfrac{1}{2} = 135$ mètres cubes.

12. Le nombre de stères transportés est égal à $54 : 0,75 = 72$; et le nombre des voyages est égal à $72 : 0,24 = 300$.

13. La récolte de blé occupera un volume de $18^{hl} \times 17 = 306$ hectolitres, ou $30^{mc},6$; tel devra être le volume du réservoir.

14. En une heure, le robinet donnera $1^{l},15 \times 60$ ou 69 litres d'eau ; en 2 heures, il en donnera 2 fois plus ou 138 litres.

15. La consommation du gaz sera de
$$1^{hl},35 \times 7 \times 350 = 3307^{hl},50.$$
Le gaz coûte $0^{f},35$ le mètre cube, ou $0^{f},035$ l'hectolitre ; donc la dépense sera
$$0^{f},035 \times 3307,50 = 115^{f},7625,$$
ou simplement $115^{f},76$, à $0^{f},01$ près.

16. 67110 kilomètres carrés valent 6711000 hectares, et 101 millions d'hectolitres valent 10100000000 litres ; donc le rendement moyen d'un hectare sera
$$10100000000^{l} : 6711000 = 1504^{l},99,$$
à 1 centilitre près.

17. Les 6 pièces de vin contiennent $280^l \times 6 = 1680$ litres ou $16^{hl},8$; on paiera donc pour le droit d'octroi $6^f,50 \times 16,8 = 109^f,20$.

18. $10^{mc},8$ équivalent à 10800 litres ; donc chaque fois qu'il respire, un homme consomme un volume d'air égal à $\dfrac{10800}{21600} = 0^l,5$, c'est-à-dire 50 centilitres ou un demi-litre.

19. 1410 stères de bois ont une valeur de $19^f \times 1410 = 26790$ francs ; d'après l'énoncé, 2812 hectolitres de houille doivent avoir la même valeur ; donc l'hectolitre de houille vaudra $\dfrac{26790^f}{2812} = 9^f,53$ à $0^f,01$ près par excès.

20. Le volume d'alcool pur contenu dans les 12 hectolitres d'eau-de-vie à 48° est $12^{hl} \times 0.48 = 5^{hl},76$ ou 576 litres ; on y ajoute 35 décalitres ou 350 litres d'eau, ce qui porte le volume total de l'eau-de-vie à $12^{hl} + 350^l$ ou 1550 litres. Donc 1550 litres du nouveau mélange contiennent 576 litres d'alcool pur ; 1 litre de ce mélange contiendra $\dfrac{576}{1550}$ de litre d'alcool pur, et 100 litres du mélange en contiendront 100 fois plus ou $\dfrac{576 \times 100}{1550} = 37$ litres, à un litre près. En d'autres termes, le nouveau mélange marquera 37 degrés à l'alcoomètre.

CHAPITRE V.

UNITÉS DE POIDS.

1. Le kilogramme vaut

10	hectogrammes,
100	décagrammes,
10000	décigrammes,
100000	centigrammes,
1000000	milligrammes.

L'hectogramme vaut

10	décagrammes,
1000	décigrammes,
10000	centigrammes,
100000	milligrammes.

Le décagramme vaut

100	décigrammes,
1000	centigrammes,
10000	milligrammes.

Le quintal vaut	1000 hectogrammes,
	100000 grammes,
	100000000 milligrammes.

Le tonneau vaut	10000 hectogrammes,
	1000000 grammes,
	1000000000 milligrammes.

2. Le milligramme vaut   0,01   de décigramme,
                         0,0001   de décagramme,
                         0,000001 de kilogramme.

Le centigramme vaut   0,0001   d'hectogramme,
                         0,00001   de kilogramme.

Le décagramme vaut   0,1   d'hectogramme,
                         0,01   de kilogramme,
                         0,0001   de quintal,
                         0,00001   de tonneau.

L'hectogramme vaut   0,001   de quintal,
                         0,0001   de tonneau.

3. 25 grammes 6 décigrammes, ou 2 décagrammes 5 grammes 6 décigrammes ;

328 grammes 45 centigrammes, ou 3 hectogrammes 2 décagrammes 8 grammes 4 décigrammes 5 centigrammes ;

9872 grammes 61 centigrammes, ou 9 kilogrammes 8 hectogrammes 7 décagrammes 2 grammes 6 décigrammes 1 centigramme ;

37 décagrammes 875 centigrammes, ou 3 hectogrammes 7 décagrammes 8 grammes 7 décigrammes 5 centigrammes ;

119 hectogrammes 3489 centigrammes, ou 11 kilogrammes 9 hectogrammes 3 décagrammes 4 grammes 8 décigrammes 9 centigrammes ;

486 milligrammes, ou 4 décigrammes 8 centigrammes 6 milligrammes ;

48375 centigrammes, ou 4 hectogrammes 8 décagrammes 3 grammes 7 décigrammes 5 centigrammes ;

12 kilogrammes 947 grammes, ou 12 kilogrammes 9 hectogrammes 4 décagrammes 7 grammes ;

2964 kilogrammes 25 décagrammes, ou 2 tonnes 9 quintaux 64 kilogrammes 2 hectogrammes 5 décagrammes ;

3615 centigrammes 2 milligrammes, ou 3 décagrammes 6 grammes 1 décigramme 5 centigrammes 2 milligrammes ;

42869 milligrammes, ou 4 décagrammes 2 grammes 8 décigrammes 6 centigrammes 9 milligrammes ;

12428 décigrammes 3 centigrammes, ou 1 kilogramme 2 hectogrammes 4 décagrammes 2 grammes 8 décigrammes 3 centigrammes?

4. $25^{gr},6 = 0^{Kg},0256 = 25600$ mm.g.
$328^{gr},45 = 0^{Kg},32845 = 328450$ mm.g.
$9872^{gr},61 = 9^{Kg},87261 = 9872610$ mm.g.
$37^{Dg},875 = 378^{gr},75 = 0^{Kg},37875 = 378750$ mm.g.
$119^{hg},3489 = 11934^{gr},89 = 11^{Kg},93489 = 11934890$ mm.g.
$0^{hg},00486 = 0^{gr},486 = 0^{Kg},000486 = 486$ mm.g.
$0^{Kg},48375 = 483^{gr},75 = 483750$ mm.g.
$12^{Kg},947 = 12947$ gr. $= 12947000$ mm.g.
$2964^{Kg},25 = 2964250$ gr. $= 2964250000$ mm.g.
$3615^{cg},2 = 36^{gr},152 = 0^{Kg},036152 = 36152$ mm.g.
42860 mm.g. $= 42^{gr},869 = 0^{Kg},042869.$
$12428^{dg},3 = 1242^{gr},83 = 1^{Kg},24283 = 1242830$ mm.g.

5. 3285 gr. $= 3^{Kg},285 = 0^{t},003285$;
$207^{gr},584 = 0^{Kg},207584 = 0^{t},000207584$;
$30^{gr},05 = 0^{Kg},03005 = 0^{t},00003005$;
$4^{gr},573 = 0^{Kg},004573 = 0^{t},000004573$;
15800 gr. $= 15^{Kg},8 = 0^{t},0158$;
314060 gr. $= 314^{Kg},06 = 0^{t},31406$;
84630 gr. $= 84^{Kg},63 = 0^{t},08463$;
1856000 gr. $= 1856$ Kg. $= 1^{t},856$;
1500000000 gr. $= 1500000$ Kg. $= 1500$ t. ;
36460000 gr. $= 36460$ Kg. $= 36^{t},46.$

6. 145 Kg. ; $2^{Kg},42$; $7^{g},219$; $46^{Kg},7$; $18^{hg},56$; $144^{Dg},28$;
$0^{mmg},4563$; $28^{Kg},956$; $2747^{gr},18$; 62715 mm.g.

7. $2^{l},35$; $18^{l},459$; $16^{dl},6321$; $8^{cl},09$; $143^{cc},57$; $74^{cc},135$;
$178^{cc},16$; 34198 mm.c. ; $3^{hl},045$; $0^{mc},9678.$

8. Le volume du caillou est le même que celui de l'eau qui est sortie du vase, c'est-à-dire $4^{cc},315$, ou 4 centimètres cubes 315 millimètres cubes.

9. Le poids demandé, exprimé en kilogrammes, est $3500^{Kg} \times 47 = 164500$ kilogrammes ; ce même poids exprimé en tonnes est $164^{t},5.$

10. La différence des poids du vase plein et du vase vide représente le poids de l'eau qui le remplissait ; ce poids est donc $142^{gr},35 - 51^{gr},614$ ou $90^{gr},736$; le volume de cette eau ou la capacité du vase est donc $90^{cc},736$ ou 90 centimètres cubes 736 millimètres cubes.

11. Le kilogramme de sucre coûte $0^{f},85 \times 2 = 1^{f},70$; donc le prix du pain de sucre est $1^{f},70 \times 8,275 = 14^{f},0675$, ou simplement $14^{f},07$, à 0,01 près par excès.

12. Le prix de $1^{Kg},85$ de viande est $3^{f},33$; donc le prix du kilogramme est $\dfrac{3^{f},33}{1,85} = 1^{f},80$; et celui du demi-kilogramme est la moitié de $1^{f},80$ ou $0^{f},90.$

13. Le prix du kilogramme de blé est égal à $\dfrac{390}{1368}$ de franc;

le prix de l'hectolitre qui pèse 76 kilogrammes sera $\dfrac{390^f \times 76}{1368}$

$= 21^f,67$, à $0^f,01$ près par excès.

14. Pour obtenir un kilogramme de coke, il faut calciner $\dfrac{100}{71}$ de kilogramme de houille, et pour avoir une tonne de coke, il faudra calciner 1000 fois plus de houille ou $\dfrac{100000^{kg}}{71}$

$= 1408$ kilogr., à 1 kilogramme près.

15. Si le quintal de savon vaut $85^f,50$, le kilogramme de savon vaut 100 fois moins ou $0^f,855$, et la valeur de $249^{kg},8$ de savon sera $0^f,855 \times 249,8 = 213^f,579$, ou simplement $213^f,58$ à $0^f,01$ près par excès.

16. De 218 tonnes ou 2180 quintaux de betteraves, on extrait 16147 kilogrammes de sucre ; d'un seul quintal de betteraves, on pourra extraire $\dfrac{16147^{kg}}{2180} = 7^{kg},41$, à 1 déca-gramme près par excès.

17. Autant de fois le poids d'un litre d'air, $1^{gr},292$, est contenu dans 1 kilogramme ou 1000 grammes, autant il y aura de litres dans le volume d'un kilogramme d'air ; ce volume est donc $\dfrac{1000^l}{1,292} = 773^l,99$, à un centilitre près par défaut.

18. Le poids du cuivre est les 0,23 de 250 grammes ou $250^{gr} \times 0,23 = 57^{gr},5$; celui du zinc est de même $250^{gr} \times 0,77 = 192^{gr},5$.

19. Le litre d'huile pèse $1000^{gr} \times 0,915 = 915$ grammes ; 1000 grammes d'huile coûtent $2^f,80$, 1 gramme coûtera 1000 fois moins ou $0^f,0028$; donc 915 grammes ou 1 litre d'huile coûteront $0^f,0028 \times 915 = 2^f,562$, ou simplement $2^f,56$, à $0^f,01$ près par défaut.

20. Le volume exprimé en centimètres cubes, unité de volume qui correspond au gramme, est $\dfrac{172}{23} = 7^{cc},478$, ou 7 centimètres cubes 478 millimètres cubes.

21. Le poids en grammes est $92,8 \times 7,79 = 722^{gr},912$.

22. Le poids du vin contenu dans le fût est égal à $173^{kg},75 - 35^{kg} = 138^{kg},75$; la densité du vin étant 0,991, le volume en litres sera $\dfrac{138,75}{0,991} = 140^l,01$, à un centilitre près.

4.

23. 84^{gr},316 représente le poids du flacon, plus le poids du corps qu'on y a plongé, plus le poids de l'eau qui y est restée après l'immersion du corps ; en retranchant de ce poids le poids du corps ou 17^{gr},32, le reste 66^{gr},996 représente le poids du flacon plus le poids de l'eau qui y est restée après l'immersion du corps; en retranchant ce poids de 69^{gr},439, on aura le poids de l'eau qui est sortie du flacon, c'est-à-dire le poids d'un volume d'eau égal au volume du corps ; ce poids est 69^{gr},439 — 66^{gr},996 = 2^{gr},443. Alors la densité du corps est $\dfrac{17,32}{2,443} = 7,09$, à 0,01 près par excès.

CHAPITRE VI.

DES MONNAIES.

1. La pièce de 2 francs pèse 10 grammes : pour faire un poids d'un kilogramme ou de 1000 grammes, il faudra 1000 : 10 ou 100 pièces de 2 francs. De même il faudra 10 pièces de 10 centimes pour avoir un poids d'un hectogramme. Puisque le kilogramme de monnaie d'or vaut 3100 francs, en cherchant combien de fois 3100 francs contiennent 50 francs, on saura combien il faut de pièces de 50 francs pour avoir un poids d'un kilogramme ; ce nombre est donc 3100 : 50 = 62.

2. 1000 francs en argent pèsent 5^{gr} $\times$ 1000 ou 5000 grammes ou 5 kilogrammes. Le franc vaut 100 centimes, et le centime en bronze pèse 1 gramme ; donc 1 franc en monnaie de bronze pèse 100 grammes. 3100 francs en monnaie d'or pèsent 1000 grammes ; un franc pèse $\dfrac{1000^{gr}}{3100}$ et 1000 francs pèsent

$$\dfrac{1000000^{gr}}{3100} = 322^{gr},581, \text{ à 1 milligramme près par excès.}$$

3. La valeur de toutes ces pièces est
$$5^f \times 3 + 7^f + 0^f,50 \times 9 + 20^f \times 31 = 646^f,50 ;$$
leur poids est
$$25^{gr} \times 3 + 5^{gr} \times 7 + 2^{gr},5 \times 9 + \dfrac{1000^{gr}}{155} \times 31 = 332^{gr},5.$$

4. Le poids de 155 pièces de 20 francs est 1000 grammes ; le nombre des pièces de 20 francs qu'il faut prendre pour avoir un poids de 400 grammes sera les $\dfrac{400}{1000}$ de 155, c'est-à-dire

$$155 \times \dfrac{400}{1000} = 62.$$

5. 1 gramme de monnaie d'argent et 1 gramme de monnaie de bronze réunis valent $0^f,21$; autant de fois $0^f,21$ sera contenu dans $9^f,45$, autant il y aura de grammes de chaque espèce de monnaie ; ce nombre de grammes est donc $9,45 : 0,21 = 45$ grammes. Or 45 grammes de monnaie d'argent valent $45 : 5$ ou 9 francs, et 45 grammes de monnaie de bronze valent $0^f,45$.

6. Le poids de 3 milliards en argent est

$$5^{gr} \times 3000000000 = 15000000000 \text{ grammes,}$$

ou 15000000 kilogrammes ou 15000 tonnes. Le nombre des wagons nécessaires pour porter cette somme serait de $15000 : 5 = 3000$; et le nombre des trains, de $3000 : 50 = 60$.

7. En monnaie d'or, le poids de 3 milliards serait $\dfrac{15000^t}{15,5}$ $= 967^t,742$, à 1 kilogramme près par excès ; le nombre des wagons, de $967,742 : 5$ ou 194, à une unité près par excès, et le nombre des trains, de $194 : 50$ ou 4 environ.

8. Le poids du corps est

$$25^{gr} \times 8 + 10^{gr} \times 5 + 5^{gr} \times 3 + 2^{gr},5 \times 4 + 3^{gr} = 278 \text{ gr.}$$

9. Le poids de ce corps est

$$10^{gr} \times 17 + 5^{gr} \times 44 + 25^{gr} \times 13 + \dfrac{500^{gr}}{155} \times 155 + 2^{gr} \times 18$$
$$+ 2^{gr} \times 13 + 5^{gr} \times 14 = 1356 \text{ grammes.}$$

10. $27 \text{ mm.} \times 2 + 23 \text{ mm.} \times 2 = 100$ mm., ou 1 décimètre.

11. $30 \text{ mm.} \times 2 + 20 \text{ mm.} \times 2 = 100$ mm., ou 1 décimètre.

12. $37 \text{ mm.} \times 9 + 23 \text{ mm.} \times 29 = 1000$ mm., ou 1 mètre.

13. $21 \text{ mm.} \times 25 + 19 \text{ mm.} \times 25 = 1000$ mm., ou 1 mètre.

14. $37 \text{ mm.} + 28 \text{ mm.} + 35 \text{ mm.} = 100$ mm., ou 1 décimètre.

15. Le poids de l'or pur est $152^{gr} \times 0,912 = 138^{gr},624$. Le poids de la monnaie d'or qu'on pourrait faire avec ce poids d'or pur est les $\dfrac{10}{9}$ du poids de l'or pur ou $138^{gr},654 \times \dfrac{10}{9}$

$= 154^{gr},027$, à un milligramme près par excès ; par suite, le poids du cuivre à ajouter serait $154^{gr},027 - 152^{gr} = 2^{gr},027$.

16. Le poids de l'argent pur est $428^{gr} \times 0,800 = 342^{gr},4$. La valeur intrinsèque de ce lingot est $\dfrac{198^f,50}{900} \times 342,4 = 75^f,52$, à $0^f,01$ près par excès.

17. $3^f,437 \times 6,988 \times 0,978 = 23^f,49$, à $0^f,01$ près par excès.

18. Le gramme d'or pur valant $3^f,437$, le poids de l'or pur que contient cette pièce est en grammes, $55,88 : 3,437 = \dfrac{55880^{gr}}{3437}$; son titre est le quotient de ce poids par le poids total, ou

$$\frac{55880}{3437 \times 17,735} = 0,917, \text{ à } 0,001 \text{ près par excès.}$$

19. Un gramme d'argent, au titre de $0,865$, a une valeur de $\dfrac{198^f,50 \times 0,865}{900}$, en cherchant combien de fois cette valeur est contenue dans $3^f,92$, on aura le poids du lingot ; ce poids est donc

$$3,92 : \frac{198,50 \times 0,865}{900} = \frac{3,92 \times 900}{198,50 \times 0,865} = 20^{gr},547,$$

à $0^{gr},001$ près par défaut.

20. La perte est égale à la valeur intrinsèque de $0^{gr},875$ d'or au titre de $0,900$, c'est-à-dire

$$3^f,437 \times 0,875 \times 0,900 = 2^f,71,$$

à $0^f,01$ près par excès.

21. Le titre réel sera $0,900 - 0,002 = 0,898$; le poids réel sera les $0,998$ du poids légal qui est, comme on sait, $\dfrac{1000^{gr}}{155} = \dfrac{200^{gr}}{31}$, dont le poids réel est $\dfrac{200^{gr} \times 0,998}{31} = \dfrac{199^{gr},6}{31}$. La valeur intrinsèque de la pièce est alors

$$3^f,437 \times \frac{199,6}{31} \times 0,898 = 19^f,87,$$

à $0^f,01$ près par défaut. Il ne faudrait pas conclure de là que cette pièce vaut $0^f,13$ de moins que la pièce de 20 francs, parce que nous n'avons pas tenu compte des frais de fabrication qui sont de $6^f,70$ par kilogramme, et de $\dfrac{6^f,70}{155} = 0^f,043$ par pièce

de 20 francs ; la perte réelle n'est donc que de 9 centimes
environ.

22. Le même raisonnement donne pour la valeur réelle de
la pièce

$$\frac{198^f,50}{900} \times 25 \times 0,997 \times 0,898 = 4^f,94,$$

à $0^f,01$ près par excès. La perte réelle est seulement de 2 centimes et demi environ.

CHAPITRE VII.

NOTIONS SUR LA MESURE DU TEMPS.

1. $23^j\ 14^h\ 28^m\ 35^s = 2039315^s$;
$\quad\ 7^j\ \ 8^h\ 13^m\ 57^s = 634437^s$;
$\quad\ 9^j\ \ 6^h\ \ 8^m\ 15^s = 799695^s$;
$\quad 45^j\ \ 0^h\ 11^m\ 18^s = 3888678^s$;
$\quad\ \ \ 7^h\ 53^m\ 20^s = 28400^s.$

2. $34815^s = 9^h\ 40^m\ 15^s$;
$215714^s = 2^j\ 11^h\ 55^m\ 14^s$;
$3792908^s = 43^j\ 21^h\ 35^m\ 8^s$;
$5437815^s = 62^j\ 22^h\ 30^m\ 15^s$;
$64817^m = 45^j\ 0^h\ 17^m$;
$214310^m = 148^j\ 23^h\ 10^m$;
$6588^h = 274^j\ 12^h.$

3. $365^j,2563744 = 365^j\ \ 6^h\ \ 9^m\ 10^s,74816$;
$224^j,700869 = 224^j\ 16^h\ 49^m\ 15^s,0816$;
$\quad 87^j,9692578 = \ \ 87^j\ 23^h\ 15^m\ 43^s,87392.$

4. Le total est $85^j\ 12^h\ 55^m\ 25^s.$

5. La différence est $1^j\ 19^h\ 43^m.$

6. Le produit de $14^j\ \ 5^h\ 17^m\ 24^s$ par 2 est $28^j\ 10^h\ 34^m\ 48^s,$
$\qquad\qquad$ id. $\qquad\qquad\qquad$ 3 $\qquad\quad 42^j\ 15^h\ 52^m\ 12^s,$
$\qquad\qquad$ id. $\qquad\qquad\qquad$ 4 $\qquad\quad 56^j\ 21^h\ \ 9^m\ 36^s,$
$\qquad\qquad$ id. $\qquad\qquad\qquad$ 5 $\qquad\quad 71^j\ \ 2^h\ 27^m\ \ 0^s,$
$\qquad\qquad$ id. $\qquad\qquad\qquad$ 6 $\qquad\quad 85^j\ \ 7^h\ 44^m\ 24^s,$
$\qquad\qquad$ id. $\qquad\qquad\qquad$ 7 $\qquad\quad 99^j\ 13^h\ \ 1^m\ 48^s,$
$\qquad\qquad$ id. $\qquad\qquad\qquad$ 8 $\qquad\quad 113^j\ 18^h\ 19^m\ 12^s,$
$\qquad\qquad$ id. $\qquad\qquad\qquad$ 9 $\qquad\quad 127^j\ 23^h\ 36^m\ 36^s,$
$\qquad\qquad$ id. $\qquad\qquad\qquad$ 10 $\qquad\ 142^j\ \ 4^h\ 54^m\ \ 0^s.$

Le produit de $8^h 45^m 19^s$ par 2 est $17^h 30^m 38^s,$
id.   3 $1^j \; 2^h 15^m 57^s,$
id.   4 $1^j 11^h \; 1^m 16^s,$
id.   5 $1^j 19^h 46^m 35^s,$
id.   6 $2^j \; 4^h 31^m 54^s,$
id.   7 $2^j 13^h 17^m 13^s,$
id.   8 $2^j 22^h \; 2^m 32^s,$
id.   9 $3^j \; 6^h 47^m 51^s,$
id.   10 $3^j 15^h 33^m 10^s.$
Le produit de $54^j 22^h 58^m 43^s$ par 2 est $109^j 21^h 57^m 26^s,$
id.   3 $164^j 20^h 56^m \; 9^s,$
id.   4 $219^j 19^h 54^m 52^s,$
id.   5 $274^j 18^h 53^m 35^s,$
id.   6 $329^j 17^h 52^m 18^s,$
id.   7 $384^j 16^h 51^m \; 1^s,$
id.   8 $439^j 15^h 49^m 44^s,$
id.   9 $494^j 14^h 48^m 27^s,$
id.   10 $549^j 13^h 47^m 10^s.$

7. Les deux nombres, réduits en secondes, donnent $2551442^s,9$ et $31556927^s,5$; en divisant le second nombre par le premier, on saura combien l'année contient de lunaisons ; on trouve ainsi 12 à une unité près. D'autre part, 19 ans valent $31556927^s,5 \times 19 = 599581622^s,5$; en divisant ce nombre par $2551442^s,9$, on saura combien il y a de lunaisons dans 19 ans ; on trouve ainsi 235 lunaisons à très-peu près.

8. La durée de l'année grégorienne est de $\dfrac{1460097^j}{4000} = 365^j,2425$; l'erreur est donc de $365^j,2425 - 365^j,2422165 = 0^j,0002835$; pour avoir une idée claire de ce nombre, je le réduis en heures, minutes et secondes, ce qui donne $24^s,4944$, c'est-à-dire $24^s \frac{1}{2}$ environ. Au bout d'un siècle, l'erreur sera 100 fois plus grande, ou $0^j.02835 = 40^m 49^s,44$. Après quarante siècles, l'erreur sera encore 40 fois plus considérable, c'est-à-dire $1^j,134 = 1^j 3^h 12^m 36^s$. Si l'erreur est de $0^j,0002835$ pour un an, elle sera de 2835 jours pour 10000000 années, et d'un jour au bout d'un nombre d'années égal à $\dfrac{10000000}{2835} = 3527$ ans environ.

9. L'année des mahométans vaut $29^j 12^h 44^m 2^s,9 \times 12 = 354^j 8^h 48^m 34^s,8$; 235 années des mahométans valent 235 fois plus ou $82276^j 21^h 16^m 18^s$; il faut chercher combien de fois ce nombre contient la durée de l'année tropique $365^j 5^h 48^m 47^s,5$; on trouve ainsi 228 à très-peu près ; ainsi 235 années des mahométans valent 228 années tropiques.

10. Les 12 mois de l'année sacrée des Israélites valent $29^j \times 6 + 30^j \times 6 = 354$ jours ; s'il n'y avait pas d'intercalation, 19 années sacrées vaudraient $354^j \times 19 = 6726$ jours ; à ce nombre il faut ajouter 7 mois de 29 jours ou 203 jours, donc 19 années sacrées valent en tout $6726 + 203$ ou 6929 jours ; donc la durée moyenne de l'année sacrée est de $\dfrac{6929}{19}$ jours ou de $364^j\,16^h\,25^m\,15^s,7895$; elle est plus courte que l'année tropique de $13^h\,23^m\,31^s,7$ environ.

11. $8^m\,18^s,3 = 498^s,3$; alors la distance du soleil à la terre est de $298000^{km} \times 498,3 = 148493100$ kilomètres, soit 37123350 lieues métriques.

12. Du 18 janvier 1800 au 18 janvier 1861, il s'est écoulé 61 ans, dont 15 années bissextiles, l'année 1800 n'ayant pas été bissextile ; cela fait alors

$$365^j \times 61 + 15^j = 22281 \text{ jours.}$$

Du 18 janvier 1861 au 31 juillet de la même année, on compte 194 jours ; enfin de 6 heures du matin à 9 heures du soir, il s'écoule 15 heures. Cet homme a donc vécu $22281 + 194 = 22475$ jours plus 15 heures.

13. L'heure vaut 60×60 ou 3600 secondes ; donc, en une seconde, la roue fait les $\dfrac{3541}{3600}$ d'un tour. La durée d'un tour est de $\dfrac{1}{3541}$ d'heure ; celle de 100 tours est $\dfrac{100}{3541}$ d'heure, ou $1^m\,41^s,666$ environ.

14. Du 1er janvier au 15 août 1872, il y a 4 mois de 31 jours, 2 mois de 30 jours, 1 mois de 29 jours (l'année 1872 est bissextile) et 15 jours, en tout 228 jours ; ce nombre contient 32 semaines et 4 jours ; le 15 août est donc le quatrième jour après le lundi, c'est-à-dire un jeudi. Du 1er janvier 1872 au 1er janvier 1900, il y a 28 ans dont 7 années bissextiles, ce qui donne $365^j \times 28 + 7^j = 10227$ jours, ou 1461 semaines exactement ; donc le 1er janvier 1900 sera un lundi, comme le 1er janvier 1872.

15. La montre avance de $4^m\,30^s$ ou de 270^s en 15 jours ; son avance pour un jour sera 15 fois moindre ou 18 secondes. Or un jour vaut $60^s \times 60 \times 24 = 86400$ secondes, pendant ce temps, la montre marque 86418 secondes ; donc une seconde de la montre ne vaut que $\dfrac{86400}{86418}$ de seconde réelle ; il en résulte évidemment que lorsque la montre indique qu'il s'est écoulé

5ʲ 2ʰ 43ᵐ 15ˢ, il ne s'est écoulé en réalité que les $\dfrac{86400}{86418}$ de ce nombre. En faisant le calcul, on trouve 5ʲ 2ʰ 41ᵐ 43ˢ environ ; il est donc en réalité 2ʰ 41ᵐ 41ˢ.

16. De 8ʰ 40ᵐ du soir à 10ʰ 35ᵐ du matin, il s'écoule 13ʰ 55ᵐ ou 835 minutes ; c'est le temps employé à parcourir 626 kilomètres ; en une minute, on parcourra $\dfrac{626}{835}$ de kilomètre, et en une heure ou 60 minutes $\dfrac{626^{Km} \times 60}{835} = 44^{Km},982$, ou près de 45 kilomètres. Pour parcourir un kilomètre, on met $\dfrac{835}{625}$ de minute, et pour parcourir un myriamètre, on mettra 10 fois plus de temps, ou $\dfrac{8350^m}{626} = 13^m\ 20^s,32$.

17. Le premier train met 10ʰ 48ᵐ, et le second 15ʰ 4ᵐ à parcourir 352 kilomètres ; par suite la distance que parcourt le premier train en une minute est $\dfrac{352}{648}$ de kilomètre, et celle que parcourt le second train en une minute, est $\dfrac{352}{904}$ de kilomètre. Ce dernier train qui est parti 110 minutes avant le premier, a déjà fait un trajet de $\dfrac{352^{Km} \times 110}{904}$ au moment où le premier train quitte Lyon, c'est-à-dire à 7ʰ 50 ; les deux trains sont alors éloignés de

$$352^{Km} - \frac{352^{Km} \times 110}{904} = \frac{352^{Km} \times 794}{904}.$$

A partir de ce moment, les deux trains se rapprochent à chaque minute de

$$\frac{352^{Km}}{648} + \frac{352^{Km}}{9.4} = \frac{352^{Km} \times 1552}{648 \times 904} ;$$

autant de fois cette distance sera contenue dans la distance qui sépare les deux trains, autant il s'écoulera de minutes jusqu'à leur rencontre ; ce nombre de minutes est donc

$$\frac{352 \times 794}{904} : \frac{352 \times 1552}{648 \times 904} = \frac{352 \times 794 \times 648 \times 904}{904 \times 352 \times 1552}$$

$$= \frac{794 \times 648}{1552} = 331^m\frac{50}{97} = 5^h\ 31^m\frac{50}{97}.$$

La rencontre aura donc lieu à $1^h 21^m \frac{50}{97}$ de l'après-midi. En $331^m \frac{50}{97}$, le premier train parcourt $\frac{352^{Km}}{648} \times 331 \frac{50}{97} = 180^{Km},082$; la rencontre se fera donc à 180 kilomètres environ de Lyon.

PROBLÈMES DE RÉCAPITULATION SUR LE SYSTÈME MÉTRIQUE.

1. Les 42 sacs de blé contiennent $1^{hl},5 \times 42 = 63$ hectolitres, leur poids est $76^{Kg} \times 63 = 4788$ kilog., ou $47^q,88$; à raison de $31^f,50$ le quintal, la valeur de ce blé est $31^f,50 \times 47,88 = 1508^f,22$.

2. Puisque 2 hectares 3 ares 20 centiares ou $2^{ha},032$ de terre ont rapporté 762 fr., l'hectare rapporte $762^f : 2,032 = 375$ francs. Le double décalitre de blé pèse 155 hectogrammes ou $15^{Kg},5$; l'hectolitre pèse 5 fois plus ou $77^{Kg},5$. D'autre part, le quintal de blé s'est vendu $27^f,50$; le kilogramme de blé vaut donc $0^f,275$, et l'hectolitre vaut $0^f,275 \times 77,5 = 21^f,3125$; par suite un hectare a produit autant d'hectolitres que de fois $21^f,3125$ est contenu dans 375 francs, c'est-à-dire $375 : 21,3125 = 17^{hl},5953$, à $0^{hl},0001$ près.

3. Le rouleau contient $1000 : 20 = 50$ pièces de 20 francs; l'épaisseur d'une de ces pièces est donc $\frac{64^{mm}}{50} = 1^{mm},28$. Pour avoir une pile d'un mètre de hauteur, il faudrait autant de pièces que de fois $1^{mm},28$ est contenu dans 1 mètre ou 1000 millimètres; le nombre de ces pièces est donc $1000 : 1,28$, ou 781 à une unité près.

4. Pour faire 5 milliards, il faut 5000000 de billets de 1000 francs; la pile aura donc une hauteur de $0^{mm},1 \times 5000000 = 500000$ millimètres, ou 500 mètres.

5. A chaque tour de roue, la locomotive avance de $7^m,50$; le nombre des tours faits en une heure sera donc $45000 : 7,50 = 6000$; en une minute, le nombre des tours sera $6000 : 60 = 100$.

6. Le poids de cette glace est le même que celui de l'eau, ou 1 kilogr.; la densité étant 0,93, le volume exprimé en litres, sera $\frac{1}{0,93}$, ou $1^l,075269$, à un millimètre cube près par excès.

B. SOLUT.   5

7. Le volume du mercure, exprimé en centimètres cubes, est $\dfrac{3156}{13,596} = 254^{cc},192$, à un millimètre cube près ; comme le litre vaut 1000 c.c., le volume de l'eau nécessaire pour remplir le vase sera $1000^{cc} - 254^{cc},192 = 745^{cc},808$, et le poids de cette eau sera $745^{gr},808$, à $0^{gr},001$ près par excès.

8. La longueur du fil en mètres est $844 : 1.76 = 479^{m},545$, à un millimètre près par défaut. Son volume en centimètres cubes est $844 : 8,95 = 94^{cc},302$, à un millimètre cube près par excès.

9. Je calcule d'abord le prix de location : à raison de 25 francs l'arpent de $42^{a},208$, le prix de location de l'are est égal à $\dfrac{25^{f}}{42,208}$, celui de l'hectare à $\dfrac{2500^{f}}{42,208}$, et celui de la terre tout entière, à $\dfrac{2500^{f} \times 2,32}{42,208} = 137^{f},41$, à $0^{f},01$ près par défaut. Les frais de culture s'élèvent à $242^{f},50 \times 2,32 = 562^{f},60$; donc la dépense totale est de $137^{f},41 + 562^{f},60 = 700^{f},01$. D'autre part, la valeur de la récolte est de $22^{f},75 \times 49 = 1174^{f},75$. Le bénéfice total est donc $1174^{f},75 - 700^{f},01 = 474^{f},74$, et le bénéfice par hectare est $\dfrac{474^{f},74}{2,32} = 204^{f},63$, à $0^{f},01$ près par excès.

10. 1500 kilogrammes de sel gris ne renferment que $1500^{Kg} \times 0,96 = 1440$ kilog. de sel pur ; d'après l'énoncé, il faut 10 kilogrammes d'eau de mer pour produire 10 hectogrammes ou 1 kilogramme de sel pur ; donc pour obtenir 1440 kilogr. de sel pur, il faut évaporer $40^{Kg} \times 1440 = 57600$ kilogr. d'eau de mer. Or 41 grammes d'eau de mer occupent un volume de 40 centimètres cubes ; donc 41 kilogr. d'eau de mer ont un volume de 40 litres ; 1 kilogr. d'eau de mer a un volume de $\dfrac{40}{41}$ de litre ; enfin 57600 kilogrammes d'eau de mer auront un volume de $\dfrac{40^{l} \times 57600}{41} = 56195$ litres, à un litre près par défaut.

11. $0^{mc},1$ ou 100 litres de vin de Bourgogne pèsent 991 hectogrammes, c'est-à-dire $99^{Kg},1$; le décalitre pèse 10 fois moins ou $9^{Kg},91$, et 28 décalitres pèsent $9^{Kg},91 \times 28 = 277^{Kg},48$. Le litre de vin pèse $0^{Kg},991$; donc $19^{Kg},99$ occuperont un volume égal à $\dfrac{19^{l},99}{0,991} = 20^{l},17$, à un centilitre près par défaut.

12. Chaque bougie pèse $485^{gr} : 5 = 97$ grammes. Avec 225 kilogr. de suif, on fabrique 160 kilogr. de bougies ; avec 1 kilogr. de suif, on fabrique $\dfrac{160^{Kg}}{225}$ de bougies ; avec un quintal de suif, on fabrique $\dfrac{16000^{Kg}}{225}$ de bougies ; enfin 125 quintaux de suif donneront $\dfrac{16000^{Kg} \times 125}{225}$, ou $\dfrac{16000000^{gr} \times 125}{225}$ de bougies. Enfin le nombre des bougies s'obtiendra en divisant ce poids par 97, ce qui donne en définitive $\dfrac{16000000 \times 125}{225 \times 97} = 91638$ bougies.

13. Le droit de contrôle est de $20^f + 20^f \times 0,15 = 23$ francs par hectogramme ; la valeur intrinsèque de l'hectogramme d'or au premier titre étant de $316^f,204$, la valeur totale après le contrôle sera de $316^f,204 + 23^f = 339^f,204$. L'augmentation de prix étant de 23 francs pour $316^f,204$, sera pour 1 franc de $\dfrac{23^f}{316,204}$, et pour 100 francs, de $\dfrac{2300^f}{316,204} = 7^f,27$; le droit de contrôle augmente donc de 7,27 pour 100 la valeur de l'or au premier titre.

14. 320 hectolitres de pommes de terre pèsent $80^{Kg} \times 320 = 25600$ kilog.; à raison de $2^f,75$ les 50 kilog., cette quantité de pommes de terre vaut $2^f,75 \times 2 \times 256 = 1408$ francs. Le port coûte 14 francs la tonne ou $1^f,40$ le quintal ; pour 256 quintaux, il coûtera $1^f,40 \times 256 = 358^f,40$. Rendus à la ville, les 320 hectolitres de pommes de terre coûtent donc au marchand $1408^f + 358^f,40 = 1766^f,40$. Il revend ces pommes de terre à raison de 80 centimes le décalitre, ou 8 francs l'hectolitre ; il vendra donc le tout pour $8^f \times 320 = 2560$ francs, et son bénéfice sera de $2560^f - 1766^f,40 = 793^f,60$.

15. La vente du beurre a produit $1^f,30 \times 2 \times 80 = 208$ fr.; la quantité de lait qui a servi à faire ce beurre est de $25^l \times 80 = 2000$ litres, et la vente de ce lait, à $0^f,20$ le litre, aurait rapporté $0^f,20 \times 2000$ ou 400 francs. Il est donc plus avantageux de vendre le lait, et le bénéfice est de $400^f - 208^f = 192$ francs.

16. Le droit d'entrée pour la pièce est de $21^f,60 \times 2,28 = 49^f,248$; la pièce de vin revient alors à
$$70^f + 12^f,70 + 49^f,248 + 15^f - 3^f = 143^f,948,$$
ou simplement $143^f,95$. Cette pièce contenant $2^{hl},28$ ou 228 litres, le prix du litre est $\dfrac{143^f,95}{228} = 0^f,63$, à $0^f,01$ près par défaut.

17. Un centimètre cube d'argent pur pèse $10^{gr},47$ et vaut, par conséquent, $\dfrac{198^f,50 \times 10,47}{900} = 2^f,31$, à $0^f,01$ près par excès. De même la valeur d'un centimètre cube d'or pur est $3^f,437 \times 19,26 = 66^f,20$, à $0^f,01$ près par excès. Pour savoir combien de fois la première valeur est contenue dans la seconde, il faut diviser la seconde par la première, ce qui donne plus de 28 et moins de 29 ; à volume égal, l'or pur vaut donc plus de 28 fois et moins de 29 fois plus que l'argent pur.

18. Pour former 100 grammes de bronze des monnaies, il faut prendre 95 grammes de cuivre, 4 grammes d'étain et 1 gramme de zinc ; les volumes respectifs de ces trois métaux sont alors $\dfrac{95 \text{ c.c.}}{8,95}$, $\dfrac{4 \text{ c.c.}}{7,29}$ et $\dfrac{1 \text{ c.c.}}{7,19}$, et le volume de 100 gram. de bronze sera

$$\frac{95 \text{ c.c.}}{8,95} + \frac{4 \text{ c.c.}}{7,29} + \frac{1 \text{ c.c.}}{7,19} = 11^{cc},302.$$

à un millimètre cube près par défaut. La densité du bronze est donc $\dfrac{100}{11,302} = 8,85$, à $0,01$ près par excès.

19. La différence des poids du mercure et de l'eau s'obtient en retranchant 78 décagrammes ou $0^{Kg},78$ de $6^{Kg},2$ ce qui donne $5^{Kg},42$; d'ailleurs cette différence équivaut évidemment au produit du volume, qui est le même pour les deux liquides, par la différence de leurs densités, c'est-à-dire par 12,596 ; la capacité du vase en litres est donc $\dfrac{5,42}{12,596} = 0^l,430295$, à un millimètre cube près par défaut. L'eau qui remplit ce vase pèse alors $0^{Kg},430295$, et par conséquent le vase vide pèse $0^{Kg},78 - 0^{Kg},430295$, ou $0^{Kg},349705$, ou enfin $349^{gr},705$.

20. 1200 pièces de 5 francs pèsent $25^{gr} \times 1200 = 30000$ gr., et contiennent les 0,9 de ce poids d'argent pur, c'est-à-dire $30000^{gr} \times 0,9 = 27000$ grammes. D'autre part, une pièce d'un franc pèse 5 grammes, et le poids d'argent pur qu'elle contient est $5^{gr} \times 0,835 = 4^{gr},175$. On pourra donc faire autant de pièces d'un franc que de fois ce poids est contenu dans 27000 grammes, c'est-à-dire $27000 : 4,175 = 6467$, à une unité près. Le poids de toutes ces pièces sera de $5^{gr} \times 6467 = 32335$ grammes ; et par conséquent, le poids de cuivre qu'il faut ajouter aux 1200 pièces de 5 francs est $32335^{gr} - 30000^{gr} = 2335$ grammes.

LIVRE V

APPLICATIONS DE L'ARITHMÉTIQUE.

CHAPITRE PREMIER.

DES RAPPORTS.

Point d'exercices.

CHAPITRE II.

DES GRANDEURS PROPORTIONNELLES ET DES RÈGLES DE TROIS.

1. Règle de trois simple directe.

Prix de la viande.		Poids de la viande.
67^t	. . . . .	34^{Kg}.
150	. . . . .	x.

$$x = 34^{Kg} \times \frac{150}{67} = 76^{Kg},119,$$

à un gramme près.

2. Règle de trois simple directe.

Poids de l'argent.		Volume de l'argent.
$680^{gr},55$	. . . .	65 c.c.
100	. . . . .	x.

$$x = 65^{cc} \times \frac{100}{680,55} = 9^{cc},551,$$

à un millimètre cube près par défaut.

3. Règle de trois simple directe.

Volume du lait.	Poids du beurre.
$25^l,27$	960 gr.
145	x.

$$x = 960^{gr} \times \frac{145}{25,27} = 5509 \text{ grammes,}$$

à un gramme près par excès.

4. 10 pièces de vin de 228 litres valent 2280 litres ; le problème revient alors à une règle de trois simple directe.

Volume du vin.	Prix.
136^l . . .	65 fr.
2280 . . .	x.

$$x = 65^f \times \frac{2280}{136} = \frac{65^f \times 285}{17} = 1089^f,71,$$

à $0^f,01$ près par excès.

5. Règle de trois simple directe.

Poids du sucre.	Poids de la canne à sucre.
9^{Kg}	125^{Kg}.
100	x.

$$x = 125^{Kg} \times \frac{100}{9} = 1388^{Kg},889,$$

à un gramme près par excès.

6. Règle de trois simple directe.

Superficie de la terre.	Volume du seigle.
100^a	250^l.
37,67	x.

$$x = 250^l \times \frac{37,67}{100} = 25^l \times 3,767 = 94^l,175.$$

7. Règle de trois simple directe.

Longueur parcourue par la vis.	Nombre de tours.
52^{mm}	41
80	x.

$$x = 41 \times \frac{80}{52} = \frac{41 \times 20}{13} = 63\frac{1}{13}.$$

8. Règle de trois simple directe.

Contenance.		Prix de location.
42^a,21	. . . .	60 fr.
100	. . . .	x.

$$x = 60^f \times \frac{100}{42,21} = 142^f,15,$$

à un centime près par excès.

9. De 28 mètres à 505 mètres, l'accroissement de profondeur est $505^m - 28^m = 477$ mètres ; et l'accroissement de la température est $27,33 - 11,7 = 15,63$ degrés centigrades ; quand la température arrive à 31 degrés, l'accroissement de la température est de $31 - 11,7 = 19,3$ degrés. Le problème revient alors à la règle de trois simple directe dont voici l'énoncé : Quand on s'enfonce de 477 mètres, la température augmente de 15,63 degrés ; de combien de mètres faut-il s'enfoncer pour que la température augmente de 19,3 degrés ?

Accroissement de la température.		Accroissement de la profondeur.
15^{deg},63	. . . .	477 m.
19 ,3	. . . .	x.

$$x = 477^m \times \frac{19,3}{15,63} = 589 \text{ mètres.}$$

à un centimètre près par défaut. La profondeur au-dessous du sol sera $589^m + 28^m = 617$ mètres.

10. Règle de trois simple directe.

Degrés Réaumur.		Degrés centigrades.
80	. . . . . .	100.
25	. . . . . .	x.

$$x = 100 \times \frac{25}{80} = \frac{5 \times 25}{4} = 31,25.$$

11. Règle de trois simple inverse.

Superficie d'un carreau.		Nombre de carreaux.
160 c. q.	. . . . . .	659.
95	. . . . .	x.

$$x = 659 \times \frac{160}{95} = \frac{659 \times 32}{19} = 1110,$$

à un carreau près.

12. Le piéton fait évidemment 6 kilomètres à l'heure ; le problème est alors une règle de trois simple inverse.

Nombre de kilomètres à l'heure.	Durée du trajet.
6	$5^h\ 28^m.$
15	$x.$

$$x = 5^h\ 28^m \times \frac{6}{15} = 328^m \times \frac{2}{5} = 131^m\ 12^s = 2^h\ 11^m\ 12^s.$$

13. Règle de trois simple inverse.

Nombre d'ouvriers.	Durée de la journée de travail
4	8 h.
3	$x.$

$$x = 8^h \times \frac{4}{3} = 10^h\ 40^m.$$

14. Règle de trois simple inverse.

Densités.	Volumes.
0,869	$2^l,37.$
1,841	$x.$

$$x = 2^l,37 \times \frac{0,869}{1,841} = 1^l,12,$$

à $0^l,01$ près par excès.

15. Règle de trois simple inverse.

Largeur du tapis.	Longueur du tapis.
48 c.	68 m.
70	$x.$

$$x = 68^m \times \frac{48}{70} = 46^m,63,$$

à $0^m,01$ près par excès.

16. Règle de trois simple inverse.

Prix de l'hectolitre de blé	Nombre d'hectolitres
$18^f,50$	69 hl.
20 ,15	$x.$

$$x = 69^{hl} \times \frac{18,50}{20,15} = 63^{hl},34,$$

à un litre près par excès.

17. Règle de trois simple inverse.

Épaisseur.		Largeur.
25 mm.	. . . .	13 c.
32	. . . .	x.

$$x = 13^c \times \frac{25}{32} = 10^c,15625,$$

ou simplement $10^c,16$, à $0^c,01$ près par excès.

18. Règle de trois simple inverse.

Temps nécessaire pour remplir le réservoir.		Débit par seconde.
56 m.	. . . .	10^l
80	. . . .	x.

$$x = 10^l \times \frac{56}{80} = 7 \text{ litres.}$$

19. Au moment où le navire recueille l'équipage naufragé, il ne lui reste plus de vivres que pour $100 - 24$ ou 76 jours ; et au lieu de 140 hommes, il en a $140 + 30$ ou 170 à nourrir. Le problème revient alors à une règle de trois inverse : un navire porte des vivres pour un équipage de 140 hommes et une traversée de 76 jours ; pendant combien de jours pourra-t-il naviguer, si l'équipage s'élève à 170 hommes ?

Nombre d'hommes à nourrir.		Durée de la traversée.
140	. . . . . .	76 j.
170	. . . . . .	x.

$$x = 76^j \times \frac{140}{170} = \frac{76^j \times 14}{17} = 62 \text{ jours,}$$

à un jour près par défaut.

20. Règle de trois composée.

Longueur.	Largeur.	Épaisseur.	Poids.
$2^m,10$	$0^m,35$	$0^m,12$	2000 Kg.
0 ,90	0 ,45	0 ,30	x.

La grandeur inconnue est directement proportionnelle aux trois autres ; on a alors :

$$x = 2000^{Kg} \times \frac{0,90}{2,10} \times \frac{0,45}{0,35} \times \frac{0,30}{0,12}$$

$$= \frac{2000^{Kg} \times 9 \times 9 \times 5}{21 \times 7 \times 2} = \frac{1000^{Kg} \times 3 \times 9 \times 5}{7 \times 7} = 2750 \text{ Kg.,}$$

à 1 kilogramme près par défaut.

5.

21. Règle de trois composée,

Longueur du champ.	Largeur du champ.	Durée du labour.
280^{m}	80^{m}	7^{h}.
112	94	x.

La grandeur inconnue est directement proportionnelle aux deux autres ; on a donc :

$$x = 7^{\mathrm{h}} \times \frac{112}{280} \times \frac{94}{80} = \frac{7^{\mathrm{h}} \times 4 \times 47}{10 \times 40} = \frac{7^{\mathrm{h}} \times 47}{100} = 3^{\mathrm{h}} 17^{\mathrm{m}},$$

à une minute près par défaut.

22. Règle de trois composée.

Longueur du champ.	Largeur du champ.	Durée de la journée	Nombre de jours.	Nombre d'ouvriers.
90^{m}	56^{m}	10^{h}	7^{j}	18.
64	50	11	5	x.

La grandeur inconnue est directement proportionnelle à la longueur et à la largeur du champ, inversement proportionnelle à la durée de la journée de travail et au nombre de journées de travail. On a alors :

$$x = 18 \times \frac{64}{90} \times \frac{50}{56} \times \frac{10}{11} \times \frac{7}{5} = \frac{18 \times 8 \times 5 \times 2 \times 7}{9 \times 7 \times 11}$$

$$= \frac{2 \times 8 \times 5 \times 2}{11} = \frac{160}{11} = 14\frac{6}{11}.$$

Le quotient est compris entre 14 et 15, il faudra donc prendre 15 ouvriers ; mais l'un d'eux ne devra travailler que les $\frac{6}{11}$ du temps total, c'est-à-dire pendant 30 heures.

23. Règle de trois composée.

Longueur du drap.	Largeur du drap.	Qualité.	Prix.
17^{m}	1^{m},20	1	204^{f},30.
62	1 ,30	$\frac{2}{3}$	x.

Le prix du drap est directement proportionnel à sa longueur, à sa largeur et à sa qualité ; donc :

$$x = 204^{\mathrm{f}},30 \times \frac{62}{17} \times \frac{1,30}{1,20} \times \frac{2}{3} = \frac{204^{\mathrm{f}},30 \times 62 \times 13 \times 2}{17 \times 12 \times 3}$$

$$= \frac{68^{\mathrm{f}},10 \times 62 \times 13}{17 \times 6} = \frac{22^{\mathrm{f}},70 \times 31 \times 13}{17} = 538^{\mathrm{f}},12,$$

à un centime près par excès.

24. Règle de trois composée.

Nombre d'ouvr.	Durée de la journée.	Longueur du canal.	Largeur du canal.	Profondeur du canal.	Nombre de jours.
70	10^h	435^m	18^m	3^m	104^j
54	9	260	15	2 ,80	x.

Le temps nécessaire pour creuser le canal est inversement proportionnel au nombre d'ouvriers et à la durée de la journée de travail, directement proportionnel à la longueur, à la largeur et à la profondeur du canal ; on a donc :

$$x = 104^j \times \frac{70}{54} \times \frac{10}{9} \times \frac{260}{435} \times \frac{15}{18} \times \frac{2,80}{3}$$

$$= \frac{104 \times 35 \times 10 \times 52 \times 5 \times 14}{27 \times 9 \times 87 \times 6 \times 15} = \frac{104 \times 35 \times 10 \times 52 \times 7}{27 \times 9 \times 87 \times 3 \times 3}$$

$$= 69 \; 5 \;\; 44^m,$$

à une minute près par excès.

CHAPITRE III.

PROBLÈMES SUR L'INTÉRÊT ET L'ESCOMPTE.

1. 2 ans 3 mois 21 jours valent 831 jours ; alors l'intérêt cherché est

$$\frac{3^f,50 \times 628 \times 831}{36000} = 50^f,74,$$

à $0^f,01$ près par excès.

2.
$$\frac{4^f \times 3645 \times 69}{1200} = 838^f,35.$$

3.
$$\frac{9^f \times 62439 \times 89}{36000} = 1389^f,24,$$

à $0^f,01$ près par excès.

4.
$$\frac{5^f,50 \times 672,69 \times 1342}{36000} = 137^f,92,$$

à $0^f,01$ près par défaut.

5.
$$\frac{520^f \times 100}{6 \times 4} = 2166^f,67,$$

à $0^f,01$ près par excès.

6.
$$\frac{32^f,81 \times 36000}{4,5 \times 249} = 1054^f,14,$$
à $0^f,01$ près par excès.

7.
$$\frac{292^f,50 \times 36000}{4 \times 2059} = 1278^f,53,$$
à $0^f,01$ près par défaut.

8.
$$\frac{434^f,20 \times 36000}{7,75 \times 87} = 23183^f,09,$$
à $0^f,01$ près par défaut.

9.
$$\frac{248,85 \times 100}{790 \times 7} = 4,5 \text{ ou } 4\frac{1}{2}\,\%.$$

10.
$$\frac{484,60 \times 36000}{2691 \times 1305} = 4,97,$$
à $0,01$ près par excès.

11.
$$\frac{748 \times 36000}{52000 \times 97} = 5,34,$$
à $0,01$ près par excès.

12.
$$\frac{100}{25} = 4\,\%.$$

13.
$$\frac{3600 \times 100}{6000 \times 4} = 15\,\%.$$

14.
$$\frac{97,62 \times 100}{400 \times 5} = 2 \text{ ans } 10 \text{ mois } 17 \text{ jours environ.}$$

15.
$$\frac{504,40 \times 100}{1953,40 \times 4,25} = 6 \text{ ans } 27 \text{ jours environ.}$$

16.
$$\frac{4347,30 \times 100}{28713 \times 3} = 5 \text{ ans } 17 \text{ jours environ.}$$

17.
$$\frac{1 \times 100}{1 \times 6} = 16 \text{ ans } 8 \text{ mois.}$$

18. Pour l'exercice **2**, le nombre est 3645×69; le diviseur est $1200 : 4 = 300$; alors l'intérêt est :
$$\frac{3645^f \times 69}{300} = 36^f,45 \times 23 = 838^f,35.$$

Pour l'exercice **3**, le nombre est 62439×89 et le diviseur est $36000 : 9 = 4000$; donc l'intérêt est :
$$\frac{62439^f \times 89}{4000} = 1389^f,24,$$
à $0^f,01$ près par excès.

19. L'intérêt de 628 ans à 6 % pendant 831 jours est

$$\frac{628^f \times 831}{6000} = \frac{314^f \times 277}{1000} = 86^f,98.$$

Intérêt à 6 %, — 86^f,98.
Intérêt à 3 %, moitié du précédent 43^f,49.

Intérêt à $\frac{1}{2}$ %, sixième du précédent. 7^f,25.

Intérêt à 3$\frac{1}{2}$ %, 50^f,74.

L'intérêt à 5 % de 672^f,69 pendant 1342 jours est

$$\frac{672^f,69 \times 1342}{7200} = \frac{224^f,23 \times 671}{1200} = 125^f,38.$$

Intérêt à $\frac{1}{2}$ %, dixième du précédent 12^f,54.

Intérêt à 5$\frac{1}{2}$ %, somme des précédents 137^f,92.

20. A la fin de la première année, le débiteur doit les intérêts de 2400 francs à 5 % pendant un an, c'est-à-dire 120 francs ; sur son versement de 800 francs, on déduit d'abord 120 francs pour paiement des intérêts, et le reste, 680 francs, est déduit du capital qui se trouve réduit à 2400^f — 680^f = 1720 francs.

A la fin de la deuxième année, le débiteur doit l'intérêt de 1720 francs pendant un an, ou 86 francs. On prélève cette somme sur son versement de 800 francs, et le reste, 714 francs, vient en déduction du capital, qui devient alors 1720^f — 714^f = 1006 francs.

Enfin, à la fin de la troisième année, le débiteur doit, outre ce capital, l'intérêt de 1006 francs pendant un an, ou 50^f,30, soit en tout, 1056^f,30 ; comme il ne verse que 800 francs, il redoit encore 1056^f,30 — 800^f = 256^f,30.

21. Voici le compte à la fin de la première année :

Capital . . . . 4500^f ⎫ 4770^f.
Intérêt à 6 % . . . . . . 270^f ⎭

A déduire :

Premier à-compte . . . . . 300^f ⎫
Intérêt dudit pendant 8 mois. 12^f ⎬ 514^f.
Deuxième à-compte. . . . 200^f ⎮
Intérêt dudit pendant 2 mois. 2^f ⎭

Reste dû . . . . 4256 francs.

Je fais de même le compte à la fin de la deuxième année.

Capital . . . . 4256^f } 4511^f,36.
Intérêt dudit pendant un an. 255^f,36 }

A déduire :

Troisième à-compte . . . 600^f 621^f,00.
Intérêt dudit pendant 7 mois. 21^f

Reste dû . . . . 3890^f,36.

Enfin, voici le compte à l'époque du quatrième versement, c'est-à-dire au bout de 28 mois, ou 2 ans 4 mois :

Capital . . . . 3890^f,36 } 4123^f,78.
Intérêt dudit pendant 4 mois. 233^f,42 }

A déduire :

Quatrième à-compte . . . . . . 900^f,00.

Reste dû . . . . 3223^f,78.

22. Au bout de 3 ans, les intérêts échus s'élèvent à $\dfrac{3000^f \times 4 \times 3}{100} = 360$ francs ; pendant les deux années qui suivent, ils montent à $\dfrac{1500^f \times 5 \times 2}{100} = 150$ francs ; ce qui fait en tout 510 francs.

23. Le produit net des propriétés est 2300^f — 134^f,15 $= 2165^f,85$; cette somme représente l'intérêt à $2\frac{1}{2}$ % pendant un an de la valeur de ces propriétés ; cette valeur est donc :

$$\frac{2165^f,85 \times 100}{2,5 \times 1} = 86634 \text{ francs.}$$

24. Supposons d'abord un capitaliste qui possède 300 francs, et en place les $\frac{2}{3}$ ou 200 francs à 4 %, et le reste ou 100 francs à 5 % ; son revenu annuel sera 8^f + 5^f = 13 francs. Si son revenu n'était que de 1 franc, les placements étant faits dans les mêmes conditions, son capital serait 13 fois moindre, ou $\dfrac{300^f}{13}$; enfin, si le revenu est de 3400 francs, le capital sera 3400 fois plus considérable, ou $\dfrac{300^f \times 3400}{13} = 78461^f,54$, à 0^f,01 près par excès.

25. Au bout de 2 ans, un capital placé à 5 % augmente de deux fois ses $\frac{5}{100}$, c'est-à-dire de ses $\frac{10}{100}$, ou de $\frac{1}{10}$ de sa valeur ; il devient donc les $\frac{11}{10}$ de ce qu'il était d'abord. Or ce nouveau capital est tel que, placé à $7\frac{1}{2}$ %, il donne 1450 francs de revenu annuel ; sa valeur est donc $\dfrac{1450^f \times 100}{7,5 \times 1} = \dfrac{58000^f}{3}$. Ce nombre est les $\frac{11}{10}$ du capital primitif ; donc le capital primitif est égal à

$$\frac{58000^f}{3} : \frac{11}{10} = \frac{580000^f}{33} = 17575^f,76,$$

à $0^f,01$ près par excès.

26. Le taux réel se compose : 1° du taux de l'intérêt à 6 % ; 2° du droit de commission à $\frac{1}{2}$ % pour trois mois, soit 2 % par an ; 3° du timbre qui est de 3 francs tous les trois mois ou de 12 francs par an, pour 5000 francs, ce qui donne $\dfrac{12^f}{50} = 0^f,24$ pour 100 francs et par an. Le taux réel est donc

$$6 + 2 + 0,24 = 8,24 \text{ %}.$$

27. Il suffit de calculer le taux dans chaque mode de placement ; pour le premier, le taux est

$$\frac{140 \times 100}{2500} = 5,60 \text{ %} ;$$

pour le second, le taux est

$$\frac{83,50 \times 1200}{2500 \times 7} = 5,81 \text{ %},$$

à 0,01 près par excès. Le second placement est donc plus avantageux que le premier.

28. Le prix d'achat de cette terre est de $34^f \times 172 = 5848$ fr. Le produit brut est de $21^f,50 \times 32 = 688$ francs : le revenu net n'est que les 0.85 du produit brut, ou $688^f \times 0,85 = 584^f,80$. Le taux du placement est alors

$$\frac{584,80 \times 100}{5848} = 10 \text{ %},$$

exactement.

29. Le revenu net de 1970 kilomètres de canaux en 6 ans est $25297327^f - 21921852^f = 3375475$ francs ; en un an le produit sera 6 fois moindre, ou $\dfrac{3375475^f}{6}$, et pour un kilomètre, il sera encore 1970 fois plus petit, c'est-à-dire $\dfrac{3375475^f}{6 \times 1970} = 285^f,57$, à $0^f,01$ par défaut. Le capital dépensé qui est de 310000000 fr., rapporte par an $\dfrac{3375475^f}{6}$; donc le taux de l'intérêt que rapporte ce capital est

$$\frac{3375475 \times 100}{6} : 310000000 = \frac{3375475}{18600000} = 0,18 \; \text{°/°}.$$

à 0,01 près par défaut.

30. Le revenu annuel est le quart des $\dfrac{5}{12}$ du capital, c'est-à-dire les $\dfrac{5}{48}$ du capital ; pour un capital de 100 francs, il sera

$$100^f \times \frac{5}{48} = \frac{500^f}{48} = 10^f,42,$$

à $0^f,01$ près par excès. Le taux est donc de 10,42 °/₀ environ.

31. La différence des deux sommes 12580^f et 10880^f représente évidemment l'intérêt du capital pendant $12 - 7$ ou 5 ans ; l'intérêt annuel est donc $\dfrac{12580^f - 10880^f}{5} = 340$ francs Il résulte de là que l'intérêt de ce même capital pendant 7 ans est $340^f \times 7 = 2380$ francs, et par suite que le capital vaut $10880^f - 2380^f = 8500$ francs. Le taux de l'intérêt est alors évidemment

$$\frac{340 \times 100}{8500} = 4 \; \text{°/°}.$$

32. 5 francs de rente coûtent $85^f,15$; 1200 francs coûteront $85^f,15 \times \dfrac{1200}{5} = 20436$ francs ; à ce prix il faut ajouter le courtage qui est de $\dfrac{1}{8}$ °/° du prix d'achat, ou $25^f,55$, à $0^f,01$ près par excès. Le prix total sera donc $20436^f + 25^f,55 = 20461^f,55$.

33. Voici le même calcul pour la rente $4\frac{1}{2}$ °/° au cours de 80,60.

Achat de 1200 francs de rente $4\frac{1}{2}$ à 80,60

$$80^f,60 \times \frac{1200}{4,5} \quad . \quad . \quad . \quad . \quad . \quad . \quad 21493^f,33.$$

Courtage, $\frac{1}{8}$ % . . . . 26^f,87.

Total . . . 21520^f,20.

Voici enfin le calcul pour la rente 3 % à 55,40.

Achat de 1200 francs de rente 3 %

$$55^f,40 \times \frac{1200}{3} \quad . \quad . \quad . \quad . \quad . \quad . \quad 22160^f,00.$$

Courtage, $\frac{1}{8}$ % . . . . 27^f,70.

Total . . . 22187^f,70.

34. C'est une règle de trois simple ; le résultat est $3^f \times \dfrac{3800}{56,20}$ $= 202^f,85$, à $0^f,01$ près par excès. On pourrait tenir compte du courtage en ajoutant $\frac{1}{8}$ pour 100 au cours de la rente, ce qui donnerait 56^f,27025 pour le prix effectif de 3 francs de rente ; alors pour 3800 francs, on pourrait avoir une rente de

$$3^f \times \frac{3800}{56,27025} = 202^f,59,$$

à $0^f,01$ près par défaut.

35. Il suffit de calculer le taux de l'intérêt que rapporte chaque valeur : pour la rente 3 %, le taux est $\dfrac{3 \times 100}{57,10}$ $= 5,25$ %, à 0,01 près par défaut ; pour les obligations. le taux est $\dfrac{24,25 \times 100}{455} = 5,33$ %, à 0,01 près par excès. Ce sont donc les obligations qui rapportent le plus fort intérêt.

36. Les obligations foncières rapportent en un an $9^f,59 \times 2$ $= 19^f,18$; puisqu'elles valent 460 francs, le taux de l'intérêt est $\dfrac{19,18 \times 100}{460} = 4,17$ %, à 0,01 près par excès.

37. Déduction faite de la remise de 6 %, le prix réel de 5 francs de rente est $84^f,50 \times 0,94 = 79^f,13$; donc le taux du placement est $\dfrac{5 \times 100}{79,43} = 6,29$ %, à 0,01 près par défaut.

38. Le prix de vente des 125 obligations sera $283^f \times 125$ = 35375 francs ; il faut déduire de ce prix le courtage, qui est de $\frac{1}{8}$ %, ou $44^f,22$; le reste, $35375^f - 44^f,22 = 35330^f,78$ représente le capital qui sera employé à acheter de la rente 3 % ; la quantité de rente qu'on pourra acquérir avec ce capital sera

$$3^f \times \frac{35330,78}{55,40} = 1913^f,21.$$

Pour savoir si l'opération est avantageuse, il suffit de calculer le revenu annuel des 125 obligations ; il est de $14^f,40 \times 125 = 1800$ francs, c'est-à-dire plus faible que celui de la rente 3 %.

39.
$$\frac{696^f \times 83 \times 5}{36000} = \frac{696^f \times 83}{7200} = 8^f,02,$$

à $0^f,01$ près par défaut.

40.
$$\frac{412^f,50 \times 47 \times 4,5}{36000} = \frac{412^f,50 \times 47}{8000} = 2^f,42,$$

à $0^f,01$ près par défaut.

41.
$$\frac{14^f,20 \times 36000}{56 \times 4} = \frac{14^f,20 \times 9000}{56} = 2282^f,14,$$

à $0^f,01$ près par défaut.

42.
$$\frac{10,50 \times 36000}{730 \times 69} = 7.504 \text{ %},$$

à 0,001 près par défaut.

43. J'ajoute les *nombres* de ces quatre billets, et je divise cette somme par le *diviseur*, qui est ici 7200 ; j'ai ainsi :

Premier billet.	$739^f,50 \times 58$, ou.	$42891^f.$
Deuxième billet.	$815^f \times 90$	$73350^f.$
Troisième billet.	$1450^f \times 42$	$60900^f.$
Quatrième billet.	$2645^f \times 30$	$79350^f.$
	Somme des nombres.	$256491^f.$

$$\text{Escompte...} \quad \frac{256491^f}{7200} = \frac{284^f,99}{8} = 35^f,62,$$

à $0^f,01$ près par défaut.

44. La valeur actuelle des deux billets est de $5000^f + 6000^f$ = 11000 francs, moins la somme des escomptes qu'ils subiraient si on les négociait immédiatement. La somme de ces escomptes s'obtient en faisant la somme des *nombres*, et la divisant par le *diviseur* commun, qui est 6000 ; elle est donc égale à

$$\frac{5000^f \times 90 + 6000^f \times 40}{6000} = 115 \text{ francs.}$$

Les deux billets réunis valent donc $11000^f - 115^f = 10885$ fr. ; par suite, le marchand devra donner en outre une somme d'argent égale à $14500^f - 10885^f = 3615$ francs.

45. $\dfrac{6325^f \times 74 \times 6}{36000 + 74 \times 6} = \dfrac{2808300^f}{36444} = 77^f,06,$

à $0^f,01$ près par excès.

46. Le produit du taux par le nombre de jours est $5 \times 65 = 325$; si l'on connaissait le montant du billet, en le multipliant par $\dfrac{325}{36325}$, on aurait l'escompte qui est de 39 francs ; donc le montant du billet est

$$39^f : \frac{325}{36325} = \frac{39^f \times 36325}{325} = 4359 \text{ francs.}$$

47. Puisque l'escompte rationnel du billet est de $47^f,50$, la valeur actuelle du billet est de $6000^f - 47^f,50 = 5952^f,50$; en d'autres termes, un capital de $5952^f,50$, placé à 4 % jusqu'au jour de l'échéance, rapporterait $47^f,50$ d'intérêt. Le nombre de jours est alors donné par la formule du quatrième problème sur les intérêts simples ; seulement, comme on demande le temps en jours, il faut multiplier l'intérêt par 36000, au lieu de le multiplier par 100 ; on a ainsi :

$$\frac{47,50 \times 36000}{5952,50 \times 4} = 72 \text{ jours,}$$

à un jour près par excès.

48. Le billet vaut actuellement $750^f - 6^f,51 = 743^f,49$; donc cette somme de $743^f,49$, placée à intérêts simples pendant 63 jours, rapporterait $6^f,51$; le taux est donc (troisième problème des intérêts) :

$$\frac{6,51 \times 36000}{743,49 \times 63} = 5,003 \text{ %,}$$

à 0,001 près par défaut.

49. L'intérêt du capital est $6454^f,50 - 6300^f = 154^f,50$; le taux est alors

$$\frac{154,50 \times 36000}{6300 \times 105} = 8,41 \text{ %,}$$

à 0,01 près par excès.

50. Au bout de deux mois, les deux premiers billets valent $900^f + 1500^f = 2400$ francs, moins l'escompte de 900 francs pendant un mois et celui de 1500 francs pendant 4 mois. Le nouveau billet vaut $2438^f,65$, moins l'escompte de cette somme pendant 6 mois. Pour que ce dernier billet soit équivalent aux deux autres, il faut que l'excédant de $2438^f,65$ sur 2400, ou $38^f,65$, soit précisément égal à l'escompte de $2438^f,65$ pendant 6 mois, diminué des escomptes de 900 francs pendant un mois et de 1500 francs pendant 4 mois. Or le premier de ces escomptes est le même que l'escompte de $2438^f,65 \times 6$ pour un mois, ou de $14631^f,90$ pour un mois ; de même l'escompte de 1500 francs pour 4 mois est le même que celui de $1500^f \times 4$ ou de 6000 francs pour un mois. Donc $38^f,65$ est égal à l'escompte de $14631^f,90$ pour un mois, moins l'escompte de 900 fr. pour un mois, moins l'escompte de 6000 francs pour un mois, ou à l'escompte pour un mois de

$$14631^f,90 - 900^f - 6000^f = 7731^f,90 \ ;$$

le taux est alors

$$\frac{38,65 \times 1200}{7731,90} = 6 \text{ o/o},$$

à 0,01 près par excès.

51. Supposons, pour fixer les idées, que le prix d'un exemplaire soit 1 franc ; le libraire vend alors la douzaine pour $12^f - 12^f \times 0,15 = 10^f,20$, et il donne 13 exemplaires pour 12. L'acheteur a donc une remise de $12^f - 10^f,20 = 2^f,80$ sur une valeur de 13 francs ; sur un achat de 100 francs, la remise sera de

$$2,80 \times \frac{100}{13} = 21,54 \text{ o/o}.$$

à 0,01 près par excès.

52. Le montant de la prime à payer sera

$$0^f,60 \times 45 + 0^f,75 \times 12,5 = 36^f,375.$$

53. $$3200^f \times 1,04^5 = 3893^f,29,$$

à $0^f,01$ près par excès.

54. $$300^f \times 1,035^3 = 332^f,62,$$

à $0^f,01$ près par excès.

55. $$\frac{761^f,15}{1,035^4} = 663^f,30,$$

à $0^f,01$ près par excès.

CHAPITRE IV.

PARTAGES PROPORTIONNELS.

1. $10 + 17 + 11 + 7 = 45$; alors les quatre parties seront :

$$\frac{1080}{45} \times 10 = 24 \times 10 = 240.$$

$$\frac{1080}{45} \times 17 = 24 \times 17 = 408.$$

$$\frac{1080}{45} \times 11 = 24 \times 11 = 264.$$

$$\frac{1080}{45} \times 7 = 24 \times 7 = 168.$$

$$\text{Total.} \quad \overline{1080.}$$

2. Je réduis les fractions données au même dénominateur, ce qui donne :

$$\frac{3}{5} = \frac{3 \times 3 \times 7}{5 \times 3 \times 7} = \frac{63}{5 \times 3 \times 7},$$

$$\frac{2}{3} = \frac{2 \times 5 \times 7}{3 \times 5 \times 7} = \frac{70}{3 \times 5 \times 7},$$

$$\frac{4}{7} = \frac{4 \times 5 \times 3}{7 \times 5 \times 3} = \frac{60}{7 \times 5 \times 3};$$

le problème revient alors à diviser 58 en parties proportionnelles aux numérateurs 63, 70, 60 dont la somme est 193 ; les parties sont alors

$$\frac{58}{193} \times 63, \quad \frac{58}{193} \times 70, \quad \frac{58}{193} \times 60;$$

ou, en effectuant les calculs,

$$\frac{3654}{193}, \quad \frac{4060}{193}, \quad \frac{3480}{193};$$

ces fractions sont irréductibles.

3. Les quatre nombres donnés peuvent être considérés comme des fractions dont les dénominateurs sont 4, 1, 8, 10 ; le nombre 40, divisible à la fois par tous ces nombres, peut être choisi pour dénominateur commun ; alors les numérateurs des nouvelles fractions seraient 30, 80, 35 et 140. Le problème est donc ramené à partager 245 en parties proportionnelles aux nombres 30, 80, 35 et 140, dont la somme est 285. Les parties seront alors

$$\frac{245}{285} \times 30, \quad \frac{245}{285} \times 80, \quad \frac{245}{285} \times 35, \quad \frac{245}{285} \times 140,$$

ou, en simplifiant,

$$\frac{49}{57} \times 30, \quad \frac{49}{57} \times 80, \quad \frac{49}{57} \times 35, \quad \frac{49}{57} \times 140,$$

ou enfin, en effectuant les calculs,

$$\frac{1470}{57}, \quad \frac{3920}{57}, \quad \frac{1715}{57}, \quad \frac{6860}{57};$$

on peut extraire les entiers de ces fractions, et on a ainsi :

$$\frac{1470}{57} = 25\frac{45}{57},$$
$$\frac{3920}{57} = 68\frac{44}{57},$$
$$\frac{1715}{57} = 30\frac{5}{57},$$
$$\frac{6860}{57} = 120\frac{20}{57}.$$

Total.   245.

4. Les deux parties seront évidemment proportionnelles aux nombres 5 et 6, dont la somme est 11 ; elles sont donc

$$\frac{19}{11} \times 5 = \frac{95}{11} = 8\frac{7}{11},$$
$$\frac{19}{11} \times 6 = \frac{114}{11} = 10\frac{4}{11}.$$

Total,   19.

5. Il suffit de partager 281 kilogrammes en parties proportionnelles aux nombres 31, 9 et 10, dont la somme est 50. On aura alors :

Salpêtre. $\dfrac{281^{Kg}}{50} \times 31 = 5^{Kg},62 \times 31 = 174^{Kg},22.$

Charbon. $\dfrac{281^{Kg}}{50} \times 9 = 5^{Kg},62 \times 9 = 50^{Kg},58.$

Soufre . $\dfrac{281^{Kg}}{50} \times 10 = 5^{Kg},62 \times 10 = 56^{Kg},20.$

Total. . . . $281^{Kg},00.$

6. Le mètre cube de pierre calcaire pèse $1000^{Kg} \times 2,84 = 2840$ kilog. ; pour avoir le poids de chaux qu'on peut fabriquer avec cette quantité de pierre calcaire, il faut partager 2840 kilog. en parties proportionnelles à 14 et à 11, nombres dont la somme est 25 ; le poids de chaux sera donc

$$\frac{2840^{Kg}}{25} \times 14 = 1590^{Kg},4.$$

7. Le poids de cette quantité de monnaie de bronze est $100^{gr} \times 2143,25 = 214325$ grammes ; pour connaître les poids de cuivre, d'étain et de zinc qui y sont contenus, il faut partager 214325 grammes en parties proportionnelles aux nombres 95, 4 et 1 dont la somme est 100 ; on a ainsi :

Cuivre $\dfrac{214325^{gr}}{100} \times 95 = 2143^{gr},25 \times 95 = 203608^{gr},75.$

Étain $\dfrac{214325^{gr}}{100} \times 4 = 2143^{gr},25 \times 4 = 8573^{gr}.$

Zinc $\dfrac{214325^{gr}}{100} \times 1 = 2143^{gr},25 \times 1 = 2143^{gr},25.$

$$\text{Total.} \quad 214325^{gr}.$$

8. Plomb. $\dfrac{1000^{gr}}{25} \times 19 = 40^{gr} \times 19 = 760 \text{ gr.}$

Antimoine. $\dfrac{1000^{gr}}{25} \times 6 = 40^{gr} \times 6 = 240 \text{ gr.}$

$$\text{Total.} \quad 1000 \text{ gr.}$$

9. Or. $\dfrac{18^{gr},454}{10} \times 7 = 12^{gr},9178.$

Argent. $\dfrac{18^{gr},454}{10} \times 3 = 5^{gr},5362.$

$$\text{Total.} \quad 18^{gr},4540.$$

10. Il faut partager $14841^{f},20$ en parties proportionnelles aux mises 12000, 7000 et 19000, ou, ce qui revient au même, aux nombres 1000 fois plus petits, 12, 7 et 19 ; la somme de ces derniers nombres est 38 ; donc les trois parts seront :

$$\frac{14841^{f},20}{38} \times 12 = 390^{f},5579 \times 12 = 4686^{f},69$$
$$\frac{14841^{f},20}{38} \times 7 = 390^{f},5579 \times 7 = 2733^{f},91 \quad \Big\}\ \text{à } 0^{f},01 \text{ près.}$$
$$\frac{14841^{f},20}{38} \times 19 = 390^{f},5579 \times 19 = 7420^{f},60$$

$$\text{Total.} \quad 14841^{f},20$$

11. Il faut partager 77034^f,50 en parties proportionnelles aux nombres 5, 11, 12, 15 et 4 dont la somme est 47 ; les parts seront alors :

$$\frac{77034^f,50}{47} \times 5 = 1639^f,0319 \times 5 = 8195^f,16$$

$$\frac{77034^f,50}{47} \times 11 = 1639^f,0319 \times 11 = 18029^f,35$$

$$\frac{77034^f,50}{47} \times 12 = 1639^f,0319 \times 12 = 19668^f,38$$

$$\frac{77034^f,50}{47} \times 15 = 1639^f,0319 \times 15 = 24585^f,48$$

$$\frac{77034^f,50}{47} \times 4 = 1639^f,0319 \times 4 = 6556^f,13$$

à 0^f,01 près.

Total.   77034^f,50.

12. Les bénéfices des trois associés doivent être proportionnels aux temps pendant lesquels leur mise est restée dans l'entreprise, c'est-à-dire aux nombres 5, 11 et 8 dont la somme est 24 ; les parts des trois associés sont donc

$$\frac{685^f}{24} \times 5 = 28^f,5416 \times 5 = 142^f,71$$

$$\frac{685^f}{24} \times 11 = 28^f,5416 \times 11 = 313^f,96$$

$$\frac{685^f}{24} \times 8 = 28^f,5416 \times 8 = 228^f,33$$

à 0^f,01 près.

Total.   685^f,00.

13. Le dividende 3613^f,68 est évidemment les $\frac{14}{235}$ du bénéfice total ; donc le bénéfice total est égal à

$$3613^f,68 : \frac{14}{235} = 60658^f,20.$$

14. Après le prélèvement du gérant, il reste 64230^f — 5000^f = 59230 francs ; la réserve se compose des 0,05 de cette somme, ou de 2961^f,50 ; donc la somme à répartir entre les actionnaires est 59230^f — 2961^f,50 = 56268^f,50. Pour une action, le bénéfice sera la 1000e partie de cette somme, ou 56^f,2685 ; donc le propriétaire de 24 actions touchera

$$56^f,2685 \times 24 = 1350^f,44,$$

à 0^f,01 près par défaut.

15. La somme à distribuer aux créanciers de la faillite est égale à l'actif, diminué des frais de liquidation, c'est-à-dire aux $\frac{87}{100}$ de 12320 francs, ce qui donne $10718^f,40$. Le passif étant de 22915 francs, le créancier à qui il est dû 5400 francs devra recevoir les $\frac{5400}{22915}$ de la somme à répartir, c'est-à-dire

$$10718^f,40 \times \frac{5400}{22915} = 2525^f,83,$$

à $0^f,01$ près par excès.

16. Le premier propriétaire doit payer autant que si sa propriété valait 35 fois plus, et courait un risque 35 fois moindre ; on peut donc supposer que la valeur de sa propriété soit de $80000^f \times 35 = 2800000$ francs, avec un risque représenté par 1. On peut raisonner de même pour les deux autres propriétaires, et supposer que les valeurs respectives de leurs propriétés soient $60000^f \times 20 = 1200000$ francs et $240000^f \times 18 = 4320000$ francs, les risques étant tous égaux à l'unité. La question revient alors à partager la dépense 30000 francs en parties proportionnelles aux nombres 2800000, 1200000 et 4320000, ou ce qui revient au même aux nombres 10000 fois plus petits 280, 120 et 432 dont la somme est 832. Les parts contributives de chaque propriétaire seront donc

$$\frac{30000^f}{832} \times 280 = 36^f,05769 \times 280 = 10096^f,15 \left.\right\}$$
$$\frac{30000^f}{832} \times 120 = 36^f,05769 \times 120 = \ \ 4326^f,92 \left.\right\} \text{à } 0^f,01 \text{ près.}$$
$$\frac{30000^f}{832} \times 432 = 36^f,05769 \times 432 = 15576^f,92 \left.\right\}$$
$$\text{Total.} \quad \overline{29999^f,99}$$

17. Il faut partager $348 - 18 = 330$ en parties proportionnelles à $\frac{5}{4}$, 1 et $\frac{3}{2}$, ou à 5, 4 et 6, et ajouter ensuite 18 à la troisième partie. On a ainsi :

$$\text{Première partie.} \quad \frac{330}{15} \times 5 = 22 \times 5 = \qquad\qquad 110.$$

$$\text{Deuxième partie.} \quad \frac{330}{15} \times 4 = 22 \times 4 = \qquad\qquad 88.$$

$$\text{Troisième partie.} \quad \frac{330}{15} \times 6 + 18 = 22 \times 6 + 18 = 150.$$

$$\text{Total.} \quad \overline{348.}$$

18. Il résulte évidemment de l'énoncé que la seconde partie vaut les $\frac{2}{3}$ de la quatrième ; par suite les quatre parties sont proportionnelles aux nombres 1, $\frac{2}{3}$, $\frac{1}{3}$ et 1, ou bien aux nombres 3, 2, 1 et 3, dont la somme est 9. Ces quatre parties sont donc

$$\frac{36}{9} \times 3 = 12 ; \quad \frac{36}{9} \times 2 = 8 ; \quad \frac{36}{9} \times 1 = 4 ; \quad \frac{36}{9} \times 3 = 12.$$

19. Le premier ouvrier a travaillé pendant 11×7 ou 77 heures, le second pendant 10×9 ou 90 heures, le troisième pendant $9\frac{1}{2} \times 3$, ou $28\frac{1}{2}$ heures, le quatrième pendant 8×13 ou 104 heures. Il faut donc partager 120 francs en parties proportionnelles aux nombres 77, 90, $28\frac{1}{2}$ et 104, ou aux nombres doubles 154, 180, 57 et 208, dont la somme est 599. Les parts des quatre ouvriers seront donc

$$
\left.
\begin{array}{l}
\dfrac{120^{f}}{599} \times 154 = 0^{f},20033 \times 154 = 30^{f},85 \\[2mm]
\dfrac{120^{f}}{599} \times 180 = 0^{f},20033 \times 180 = 36^{f},06 \\[2mm]
\dfrac{12^{f}}{599} \times 57 = 0^{f},20033 \times 57 = 11^{f},42 \\[2mm]
\dfrac{120^{f}}{599} \times 208 = 0^{f},20033 \times 208 = 41^{f},67
\end{array}
\right\} \text{à } 0^{f},01 \text{ près.}
$$

$$\text{Total.} \quad \overline{120^{f}}$$

20. Les mises des six associés sont :

1° Les $\frac{2}{9}$ des fonds ;

2° Les $\frac{2}{9}$ des fonds, moins 4000 fr. ;

3° Les $\frac{2}{9}$ des fonds, moins 8000 fr. ;

4° Les $\frac{2}{9}$ des fonds, moins 12000 fr. ;

5° Les $\frac{2}{9}$ des fonds, moins 16000 fr. ;

6° Les $\frac{2}{9}$ des fonds, moins 20000 fr. ;

la somme de toutes ces mises, ou le capital social, se compose donc des $\frac{12}{9}$ ou des $\frac{4}{3}$ de ce même capital, moins 60000 francs ; en d'autres termes, le tiers du capital social est égal à 60000 fr. ; le capital entier vaut donc $60000^f \times 3 = 180000$ francs, et par suite la mise du premier associé est $180000 \times \frac{2}{9} = 40000$ francs, et les cinq autres mises sont 36000 francs, 32000 francs, 28000 francs, 24000 francs et 20000 francs. Le bénéfice brut étant égal aux $\frac{3}{8}$ de la mise totale, et les frais aux $\frac{15}{128}$ de cette même mise, le bénéfice net est une fraction de la mise totale égale à $\frac{3}{8} - \frac{15}{128} = \frac{48}{128} - \frac{15}{128} = \frac{33}{128}$; ce bénéfice net est donc égal à $180000^f \times \frac{33}{128} = 46406^f,25$. Il reste à partager cette somme en parties proportionnelles aux mises, ou aux nombres 1000 fois plus petits 40, 36, 32, 28, 24 et 20, dont la somme est 180. Les parts des six associés dans le bénéfice sont alors :

$$\frac{46406^f,25}{180} \times 40 = 257^f,8125 \times 40 = 10312^f,50.$$

$$\frac{46406^f,25}{180} \times 36 = 257^f,8125 \times 36 = 9281^f,25.$$

$$\frac{46406^f,25}{180} \times 32 = 257^f,8125 \times 32 = 8250^f,00.$$

$$\frac{46406^f,25}{180} \times 28 = 257^f,8125 \times 28 = 7218^f,75.$$

$$\frac{46406^f,25}{180} \times 24 = 257^f,8125 \times 24 = 6187^f,50.$$

$$\frac{46406^f,25}{180} \times 20 = 257^f,8125 \times 20 = 5156^f,25.$$

Total.   46406^f,25.

CHAPITRE V.

PROBLÈMES SUR LES MÉLANGES ET LES ALLIAGES.

1. Problème de mélange de première espèce ; le prix de l'hectolitre du mélange sera

$$\frac{18^f \times 29 + 21^f,50 \times 50}{29 + 50} = 20^f,22,$$

à $0^f,01$ près par excès.

2. Problème de mélange de première espèce ; le prix d'une pièce du mélange sera

$$\frac{85^f \times 4 + 61^f \times 7}{4 + 7 + 1} = 63^f,92,$$

à $0^f,01$ près par excès.

3. Les trois tonneaux de vin valent en tout $130^f + 105^f + 92^f$ ou 327 francs, et contiennent $272^l + 228^l + 140^l$ ou 640 litres ; le litre du mélange revient donc à $\dfrac{327^f}{640}$. Mais ce prix de revient n'est que les $0^f,85$ du prix de vente, puisque le marchand veut gagner 15 °/₀ ; donc le prix de vente est :

$$\frac{327^f}{640} : 0,85 = \frac{327^f}{640 \times 0,85} = 0^f,60,$$

à $0^f,01$ près par défaut.

4. Problème de mélange de première espèce ; le prix moyen de la journée de travail est

$$\frac{3^f,50 \times 27 + 5^f \times 10 + 3^f \times 80 + 2^f \times 20}{27 + 10 + 80 + 20} = 3^f,10,$$

à $0^f,01$ près par excès.

5. Problème d'alliage de première espèce ; le titre de l'alliage final est

$$\frac{225 \times 0,950 + 450 \times 0,800 + 325 \times 0,900}{225 + 450 + 325} = 0,866,$$

à $0,001$ près par défaut.

6. Problème d'alliage de première espèce ; le titre de l'alliage final sera

$$\frac{12 \times 0{,}800 + 30 \times 0{,}880 + 90 \times 0{,}920}{12 + 30 + 90} = 0{,}900,$$

exactement.

7. Problème d'alliage de première espèce ; le titre de l'alliage final sera

$$\frac{42 \times 0{,}870 + 18 \times 0{,}950 + 12}{42 + 18 + 12} = 0{,}912,$$

à 0,001 près par excès.

8. Problème d'alliage de première espèce ; le titre de l'alliage final est

$$\frac{52 \times 0{,}916}{52 + 7} = 0{,}807,$$

à 0,001 près par défaut.

9. Problème d'échéance commune ; le nombre de jours à écouler jusqu'à l'échéance du nouveau billet sera

$$\frac{18 \times 750 + 45 \times 1050 + 63 \times 1400}{3200} = 47 \text{ jours,}$$

à un jour près par excès.

10.
$$\frac{0^f{,}80 + 0^f{,}75 + 0^f{,}60 + 0^f{,}45}{4} = 0^f{,}65.$$

11.
$$\frac{280^f + 190^f}{2} = 235 \text{ francs.}$$

12.
$$\frac{0{,}800 + 0{,}835 + 0{,}950}{3} = 0{,}861,$$

à 0,001 près par excès.

13.
$$\frac{28 + 37 + 41}{3} = 35 \text{ jours,}$$

à un jour près par défaut.

14. Si l'on prenait 272 litres du premier vin, le prix serait trop faible de $0^f{,}50 - 0^f{,}40 = 0^f{,}10$ par litre ; pour 272 litres, le prix serait trop faible de $0^f{,}10 \times 272 = 27^f{,}20$. Si l'on remplace un litre du premier vin par un litre du second, la valeur augmentera de $0^f{,}75 - 0^f{,}40 = 0^f{,}35$. Pour qu'elle augmente

6.

de 27^f,20, il faudra prendre du second vin un nombre de litres égal à

$$\frac{27,20}{0,35} = 77^{lit},71,$$

à 0^{lit},01 près par défaut. Un raisonnement analogue prouve qu'il faut prendre du premier vin un nombre de litres égal à

$$\frac{0,25 \times 272}{0,35} = 194^{lit},29,$$

à 0^{lit},01 près par excès. Comme vérification, il faut que 77^{lit},71 + 194^{lit}.29 donnent 272 litres, ce qui a lieu en effet.

15. Chaque gramme du premier alliage contient 0^{gr},950 d'argent pur, et chaque gramme de l'alliage qu'on veut former en contient 0^{gr},835 ; chaque gramme du premier alliage contient donc un excès d'argent pur égal à 0^{gr},950 — 0^{gr},835 = 0^{gr},115. Si l'on prenait 600 grammes du premier alliage, on aurait donc un excès d'argent pur égal à

$$0^{gr},115 \times 600 = 69 \text{ grammes.}$$

Si l'on remplace 1 gramme du premier alliage par 1 gramme du second, la quantité d'argent pur diminue de 0^{gr},950 — 0^{gr},800 = 0^{gr},150 ; donc autant de fois ce nombre sera contenu dans 69 grammes, autant il faudra mettre de grammes du second alliage ; le poids du second alliage qu'il faut prendre est donc

$$\frac{69}{0,150} = 460 \text{ grammes,}$$

On verrait de même que le poids du premier alliage qu'il faut prendre est

$$\frac{0,035 \times 600}{0,150} = 140 \text{ grammes.}$$

La somme des deux nombres 460 et 140 donne bien 600, ce qui est une preuve de l'exactitude des calculs.

16 Un gramme d'alliage au titre de 0,917 contient une quantité d'or pur égale à 0^{gr},917 ; il faut que ce poids d'or pur allié à une certaine quantité de cuivre donne un alliage au titre de 0,9 0, c'est-à-dire un alliage tel que le poids de l'or soit 9 fois plus fort que celui du cuivre ; le poids du cuivre est donc $\dfrac{0^{gr},917}{9}$.

Le poids total de l'alliage au titre de 0,900 sera

$$0^{gr},917 + \frac{0^{gr},917}{9} = \frac{9^{gr},17}{9} ;$$

et celui du cuivre à ajouter sera

$$\frac{9^{gr},17}{9} - 1 \text{ gramme} = \frac{0^{gr},17}{9}.$$

Ainsi, en combinant un gramme de l'alliage donné avec $\frac{0^{gr},17}{9}$ de cuivre, on aura un alliage au titre de 0,900 ; on obtiendrait le même résultat en fondant ensemble des poids proportionnels aux précédents, par exemple 900 grammes de l'alliage donné et 17 grammes de cuivre.

17. 180 grammes d'alliage au titre de 0,800 contiennent $0^{gr},050 \times 180 = 9$ grammes d'argent pur de moins qu'il ne faut ; chaque gramme du premier lingot contient, au contraire, un excès d'argent pur égal à $0^{gr},915 - 0^{gr},850 = 0^{gr},065$. Pour qu'il y ait compensation, il faut prendre de ce lingot un poids égal à $\frac{9^{gr}}{0,065} = 138^{gr},46$, à $0^{gr},01$ près par défaut.

18. La quantité de cuivre contenue dans le lingot donné est égale à $250^{gr} \times 0,250 = 62^{gr},50$. Ce poids doit être le dixième du poids de l'alliage qu'on veut former ; par conséquent cet alliage pèsera 625 grammes, et le poids d'or pur qu'il faut prendre pour le former est $625^{gr} - 250^{gr} = 375$ gr. Le poids de la pièce de 20 francs étant $\frac{1000^{gr}}{155}$, le nombre de pièces de 20 francs qu'on pourra faire avec les 625 grammes d'alliage sera

$$625 : \frac{1000}{155} = 96,$$

à une unité près par défaut.

19. La valeur d'un gramme d'argent pur étant de $\frac{198^{f},50}{900}$, un lingot qui vaut 615 francs contient un poids d'argent pur exprimé par le quotient

$$615 : \frac{198,50}{900} = \frac{615^{gr} \times 900}{198,50} = \frac{5535000^{gr}}{1985} ;$$

si, de plus, ce lingot est au titre de 0,885, son poids total sera

$$\frac{5535000^{gr}}{1985} : 0,885 = \frac{5535000^{gr}}{1985 \times 0,885} ;$$

et le problème est alors ramené à un problème d'alliage de seconde espèce, et se réduit à partager le nombre qui précède en parties inversement proportionnelles aux différences 0,885

— 0,840 et 0,912 — 0,885, ou aux nombres 45 et 27. Les poids des deux lingots sont donc

$$\left. \begin{array}{l} \dfrac{5535000^{gr}}{1985 \times 0,885 \times 72} \times 27 = 1181^{gr},53 \\[2ex] \dfrac{5535000^{gr}}{1985 \times 0,885 \times 72} \times 45 = 1969^{gr},22 \end{array} \right\} \text{à } 0^{gr},01 \text{ près.}$$

20. Les poids des deux lingots sont inversement proportionnels aux différences 0,920 — 0,900 et 0,900 — 0,860, c'est-à-dire à 0,020 et 0,040, ou plus simplement aux nombres 2 et 4 ; donc si nous prenons 4 grammes du premier lingot et 2 grammes du second, nous aurons 6 grammes d'un alliage au titre de 0,900. Or les 4 grammes du premier alliage valent

$$3^{f},437 \times 4 \times 0,920 = 3^{f},437 \times 3,68 \ ;$$

et les 2 grammes du second alliage valent

$$3^{f},437 \times 2 \times 0,860 = 3^{f},437 \times 1,72 \ ;$$

la différence de ces valeurs est

$$3^{f},437 \times 3,68 - 3^{f},437 \times 1,72 = 3^{f},437 \times 1,96.$$

Autant de fois ce nombre sera contenu dans 2866^{f},458, autant de fois il faudra prendre 4 grammes du premier lingot et 2 grammes du second. Les poids des deux lingots sont donc

$$\left. \begin{array}{l} 4^{gr} \times \dfrac{2866,458}{3,437 \times 1,96} = 1702^{gr},041 \\[2ex] 2^{gr} \times \dfrac{2866,458}{3,437 \times 1,96} = \ \ 851^{gr},020 \end{array} \right\} \text{à } 0^{gr},001 \text{ près.}$$

La valeur du premier lingot est

$$3^{f},437 \times 1702,041 \times 0,920 = 5381^{f},92 \text{ environ} \ ;$$

celle du second lingot est

$$3^{f},437 \times 851,020 \times 0,860 = 2515^{f},46 \text{ environ.}$$

La différence de ces deux valeurs est 2866^{f},46 qui diffère très-peu de 2866^{f},458.

21. Le gramme d'argent pur vaut $\dfrac{198^{f},50}{900}$; donc le poids d'argent pur contenu dans les deux lingots est égal à

$$202,91 : \dfrac{198,50}{900} = \dfrac{1826190^{gr}}{1985} = 919^{gr},995,$$

à 0^{gr},001 près par excès. Or un kilogramme du second lingot contient 950 grammes d'argent pur, c'est-à-dire 30^{gr},005 de plus qu'il ne faut ; en remplaçant un gramme du second lingot par un gramme du premier, on diminue la quantité d'argent pur de $0^{gr},950 - 0^{gr},850 = 0^{gr},1$; autant de fois ce poids sera contenu dans $30^{gr},005$, autant il faudra prendre de grammes du premier lingot ; le poids du premier lingot est donc $30^{gr},005 : 0,1 = 300^{gr},05$. On verrait de même que le poids du second lingot est $69^{gr},995 : 0,1 = 699^{gr},95$.

22. Je prends d'abord 2 grammes du premier lingot et 11 grammes du second ; la somme des valeurs de ces poids des deux lingots est

$$3^f,437 \times 2 \times 0,920 + 3^f,437 \times 11 \times 0,850,$$

ou bien

$$3^f,437 \times 1,84 + 3^f,437 \times 9,35 = 3^f,437 \times 11,19 = 38^f,46003.$$

Autant de fois ce nombre sera contenu dans $4532^f,40$, autant il faudra prendre de fois 2 grammes du premier lingot et 11 grammes du second ; les poids des deux lingots sont donc

$$2^{gr} \times \frac{4532,40}{38,46003} = 235^{gr},694,$$

$$11^{gr} \times \frac{4532,40}{38,46003} = 1296^{gr},317.$$

23. 40 pièces de 100 francs donnent une longueur de $35^{mm} \times 40 = 1400$ millimètres, qui surpasse le mètre de 400 millimètres ; en remplaçant une pièce de 100 francs par une pièce de 10 francs, on diminue la longueur de $35 - 19$ ou 16 millimètres ; donc, pour diminuer la longueur totale de 400 millimètres, il faudra prendre $\frac{400}{16}$ ou 25 pièces de 10 francs, et par suite $40 - 25$ ou 15 pièces de 100 francs. Et en effet, la longueur totale des 40 pièces sera

$$35^{mm} \times 15 + 19^{mm} \times 25 = 525^{mm} + 475^{mm} = 1000 \text{ millim.}$$

24. Un raisonnement pareil à celui du problème précédent prouve qu'il faut prendre une pièce de 50 francs et 36 pièces de 2 francs.

25. Le volume du cuivre est égal à $\frac{72 \text{ c.c.}}{8,85}$, et celui du zinc à $\frac{28 \text{ c.c.}}{7,19}$; le volume de l'alliage sera alors égal à

$$\frac{72 \text{ c.c.}}{8,85} + \frac{28 \text{ c.c.}}{7,29} = 12^{cc},030,$$

à un millimètre cube près. Le poids de ce même alliage est $72^{gr} + 28^{gr} = 100$ grammes ; donc la densité est

$$\frac{100}{12.030} = 8,31,$$

à 0,01 près.

26. Un litre d'eau de mer pèse 1026 grammes, et le litre du mélange qu'on veut avoir pèse 1010 grammes ; la différence est de 16 grammes. D'autre part, un litre d'eau pure pèse 1000 grammes, soit 10 grammes de moins qu'il ne faut. Pour que le mélange d'eau de mer et d'eau pure ait pour densité 1,01, il faut que le produit de 16 grammes par le nombre de litres d'eau de mer soit égal au produit de 10 grammes par le nombre de litres d'eau pure, ce qui aura lieu, par exemple, en prenant 10 litres d'eau de mer et 16 litres d'eau pure, et plus généralement, en mélangeant des volumes d'eau de mer et d'eau pure qui soient proportionnels aux nombres 10 et 16, ou aux nombres 5 et 8, deux fois plus petits.

27. Prenons, par exemple, un décimètre cube ou 1000 centimètres cubes d'or ; le poids de cet or sera 19260 grammes, tandis que le décimètre cube de l'alliage doit peser 15000 gr. ; la différence est 4260 grammes. Si l'on remplace un centimètre cube d'or par un centimètre cube d'argent, le poids diminuera de $19^{gr},26 - 10^{gr},47 = 8^{gr},79$; et pour que le poids diminue de 4260 grammes, il faut prendre un nombre de centimètres cubes d'argent égal à $\dfrac{4260}{8,79}$. On trouverait, par un raisonnement tout pareil que le volume de l'or est $\dfrac{4530}{8,79}$. Donc le rapport des volumes d'or et d'argent qu'il faut allier est égal à

$$\frac{4530}{8,79} : \frac{4260}{8,79} = \frac{453}{426} = \frac{151}{142} .$$

Si l'on voulait avoir le rapport des poids des deux métaux qu'il faut combiner, il n'y aurait qu'à multiplier le rapport précédent par celui des densités, ce qui donnerait

$$\frac{151 \times 19,26}{142 \times 10,47} = \frac{48471}{24779} .$$

LIVRE VI

DES RACINES.

CHAPITRE PREMIER.

RACINE CARRÉE.

1. 18 ; 32 ; 55 ; 67 ; 93 ; 205 ; 917 ; 875 ; 7900.

2. 6,08 ; 6,92 ; 17,34 ; 68,09 ; 287,94 ; 8,04 ; 31,00 ; 0,69 ; 25,17.

3. 5,196 ; 21,260 ; 17,578 ; 13,038 ; 2,061 ; 4,365 ; 0,596 ; 0,292 ; 0,820.

4. 1,7722 ; 13,1339 ; 4,1993 ; 0,6039 ; 0,0818 ; 0,2927 ; 0,5182.

5. Il faut réduire ces fractions en décimales en calculant 8 chiffres décimaux pour chacune ; on a ainsi :

Fractions.	Racines carrées à 0,0001 près
$\dfrac{3}{8} = 0,375$;	0,6123 ;
$\dfrac{9}{13} = 0,69230769\ldots$;	0,8320 ;
$\dfrac{14}{23} = 0,60869565\ldots$;	0,7801 ;
$\dfrac{615}{2807} = 0,21909511\ldots$;	0,4680 ;
$\dfrac{9}{62408} = 0,00014421\ldots$;	0,0120.

6. Il faut d'abord extraire les racines carrées de 2 et de 3 avec huit décimales exactes, et extraire ensuite à 0,0001 près les racines carrées des nombres décimaux ainsi obtenus. On a ainsi :

$$\sqrt{2} = 1,41421356, \text{ à } 0,00000001 \text{ près,}$$
$$\sqrt{3} = 1,73205080, \qquad \text{id.}$$
$$\sqrt{\sqrt{2}} = 1,1892, \text{ à } 0,0001 \text{ près.}$$
$$\sqrt{\sqrt{3}} = 1,3160, \qquad \text{id.}$$

7. Chacune des expressions $2 - \sqrt{2}$, $3 + \sqrt{2}$, etc., doit d'abord être calculée avec huit décimales ; on extrait ensuite à 0,0001 près les racines carrées des nombres décimaux ainsi obtenus. On a ainsi :

$$2 - \sqrt{2} = 0,58578644, \text{ à } 0,00000001 \text{ près,}$$
$$\sqrt{2 - \sqrt{2}} = 0,76\ 3, \text{ à } 0,0001 \text{ près ;}$$
$$3 + \sqrt{2} = 4,41421356, \text{ à } 0,00000001 \text{ près ;}$$
$$\sqrt{3 + \sqrt{2}} = 2,1010, \text{ à } 0,0001 \text{ près :}$$
$$10 - 2\sqrt{5} = 5,52786405, \text{ à } 0,00000001 \text{ près,}$$
$$\sqrt{10 - 2\sqrt{5}} = 2,3511, \text{ à } 0,0001 \text{ près ;}$$
$$5 + \sqrt{17} = 9,12310562, \text{ à } 0,00000001 \text{ près :}$$
$$\sqrt{5 + \sqrt{17}} = 3,0204, \text{ à } 0,0001 \text{ près ;}$$
$$5 - \sqrt{5} = 2,76393203, \text{ à } 0,00000001 \text{ près ;}$$
$$\sqrt{5 - \sqrt{5}} = 1,6625, \text{ à } 0,0001 \text{ près ;}$$

8. $\sqrt{18 \times 50} = 30 ;$
$$\sqrt{20 \times 245} = 70 ;$$
$$\sqrt{88 \times 198} = 132 ;$$
$$\sqrt{51,45 \times 9,45} = 22,05 ;$$
$$\sqrt{\frac{8}{11} \times \frac{50}{99}} = \sqrt{\frac{400}{1089}} = \frac{20}{33}.$$

9. Le nombre 162 est évidemment la moitié du carré du nombre cherché ; ce carré est donc $162 \times 2 = 324$, et le nombre lui-même est égal à $\sqrt{324} = 18$.

10. Le produit du tiers d'un nombre par son cinquième donne le quinzième du carré de ce nombre ; le carré du nombre est donc égal à $60 \times 15 = 900$, et le nombre lui-même, à $\sqrt{900} = 30$.

11. Le plus grand carré est égal au plus petit, plus 120 ; donc la somme des deux carrés vaut deux fois le plus petit plus 120 ; or cette somme est égale à 218 ; donc le double du plus petit carré vaut $218 - 120 = 98$; le plus petit carré vaut $98 : 2 = 49$; par conséquent le plus petit des deux nombres est égal à $\sqrt{49} = 7$. Le plus grand carré est égal à $49 + 120 = 169$; donc le plus grand des deux nombres vaut $\sqrt{169} = 13$.

12. Diminuer un nombre de ses $\dfrac{3}{11}$, c'est en prendre les $\dfrac{8}{11}$; d'autre part, en multipliant les $\dfrac{8}{11}$ d'un nombre par ce nombre lui-même, on obtient les $\dfrac{8}{11}$ du carré de ce nombre ; donc les $\dfrac{8}{11}$ du carré du nombre cherché sont égaux à 792 ; par conséquent le carré du nombre est égal à $792 : \dfrac{8}{11}$

$$= \frac{792 \times 11}{8} = 99 \times 11 = 1089 ;$$ et le nombre lui-même est égal à $\sqrt{1089} = 33$.

13. La valeur de cette somme de 600 francs est devenue, après 2 ans, 674^f,16. Or il résulte de la règle des intérêts composés que, pour avoir cette somme de 674^f,16, il faut ajouter l'unité au taux de l'intérêt pour 1 franc, faire le carré de cette somme, et le multiplier par 600 ; de là résulte qu'en extrayant la racine carrée du quotient $\dfrac{674,16}{600}$, on aura la somme de l'unité et du taux pour 1 franc ; par conséquent, le taux pour 1 franc est égal à

$$\sqrt{\frac{674,16}{600}} - 1 = 1,06 - 1 = 0,06 ;$$

donc enfin le taux est 6 %.

14. C'est une règle de trois simple directe.

Durée des oscillations.	Racine carrée des longueurs.
0^s,71	$\sqrt{0,50}$
1	x.

$$x = \sqrt{0,50} \times \frac{1}{0,71} ;$$

mais x est la racine carrée de la longueur cherchée ; cette longueur est donc égale au carré de x, c'est-à-dire à

$$\sqrt{0,50} \times \frac{1}{0,71} \times \sqrt{0,50} \times \frac{1}{0,71} = 0,50 \times \frac{1^2}{0,71^2} = \frac{0,50}{0,5041} = 0^m,992,$$

à $0^m,001$ près par excès.

15. Règle de trois simple directe.

Racine carrée des longueurs.   Durée des oscillations.

$$\sqrt{0,50} \quad \ldots \quad \ldots \quad \ldots \quad 0^s,71$$
$$\sqrt{0,24} \quad \ldots \quad \ldots \quad \ldots \quad x.$$

$$x = 0^s,71 \times \frac{\sqrt{0,24}}{\sqrt{0,50}} = 0^s,4919,$$

à $0^s,0001$ près par défaut.

CHAPITRE II.

RACINE CUBIQUE.

1. 17 ; 15 ; 30 ; 65 ; 31 ; 52 ; 212 ; 318 ; 913.

2. 5,87 ; 1,93 ; 0,75 ; 0,31 ; 2,60.

3. Il faut réduire ces fractions en décimales, en calculant pour chacune d'elles 9 chiffres décimaux.

On a ainsi :   Racines cubiques
                                                à 0,001 près.

$$\frac{3}{7} = 0,428571428. \quad \ldots \quad \ldots \quad \ldots \quad 0,753 ;$$

$$\frac{2}{143} = 0,013986013 \quad \ldots \quad \ldots \quad \ldots \quad 0,240 ;$$

$$\frac{18}{25} = 0,72. \quad \ldots \quad \ldots \quad \ldots \quad 0,896 ;$$

$$\frac{59}{216} = 0,273148148. \quad \ldots \quad \ldots \quad 0,648 ;$$

$$\frac{647}{219342} = 0,002949731. \quad \ldots \quad \ldots \quad 0,143.$$

4. $3 - \sqrt{2} = 1,585786$, à $0,000001$ près,

$\sqrt[3]{3 + \sqrt{2}} = 1,16$, à $0,01$ près ;

$5 + \sqrt{10} = 8,162277$, à $0,000001$ près,

$\sqrt[3]{5 + \sqrt{10}} = 2,01$, à $0,01$ près ;

$\sqrt{2} + \sqrt[3]{3} = 1,414 + 1,442 = 2,86$, à $0,01$ près par excès.

5. En divisant le tiers du cube d'un nombre par ce nombre, on a le tiers de son carré; il résulte de là que le carré du nombre est égal à $27 \times 3 = 81$, et par suite que le nombre est égal à $\sqrt{81} = 9$.

6. Le produit du carré d'un nombre par le cinquième de ce nombre est égal au cinquième du cube de ce nombre ; donc le cube du nombre cherché est $8575 \times 5 = 42875$, et par conséquent le nombre est égal à $\sqrt[3]{42875} = 35$.

7. Le cube du nombre est égal à

$$\frac{49}{15} \times \frac{7}{6} \times \frac{5}{12} = \frac{49 \times 7 \times 5}{15 \times 6 \times 12} = \frac{49 \times 7}{3 \times 6 \times 12} = \frac{343}{216};$$

donc le nombre cherché est égal à

$$\sqrt[3]{\frac{343}{216}} = \frac{7}{6}.$$

8. Le quotient de 28915 divisé par 25000 représente le cube du nombre qu'on obtient en ajoutant à l'unité le taux de l'intérêt pour 1 franc ; donc ce taux est égal à

$$\sqrt[3]{\frac{28915}{25000}} - 1 = 1,0496 - 1 = 0,0496,$$

à $0,0001$ près par défaut. Le taux pour 100 francs est alors $4,96\ \%$ à $0,01$ près.

LIVRE VII

MESURE DES AIRES ET DES VOLUMES.

CHAPITRE PREMIER

NOTIONS ÉLÉMENTAIRES DE GÉOMÉTRIE.

1.
$$4^\circ\ 17'\ 28'',3 = 15448'',3\ ;$$
$$25^\circ\ 19'\ 29'' = 91169''\ ;$$
$$112^\circ\ 48'\ 37'' = 406117''\ ;$$
$$172^\circ\ 38'\ 45'' = 621525''.$$

2.
$$529815'' = 147^\circ\ 10'\ 15''\ ;$$
$$215612'' = 59^\circ\ 53'\ 32''\ ;$$
$$324714'' = 90^\circ\ 11'\ 54''\ ;$$
$$76428'' = 21^\circ\ 13'\ 48''.$$

3. $315^\circ\ 4'\ 19'',3.$

4. Les produits par 2, 3, 4, ... 10 se forment par additions successives ; on a ainsi le tableau suivant :

Multiplicateurs.

1	$23^\circ\ 18'\ 47''$	$87^\circ\ 13'\ 14''$	$61^\circ\ 28'\ 52''$	$127^\circ\ 51'\ 7''$
2	$46^\circ\ 37'\ 34''$	$174^\circ\ 26'\ 28''$	$122^\circ\ 57'\ 44''$	$255^\circ\ 42'\ 14''$
3	$69^\circ\ 56'\ 21''$	$261^\circ\ 39'\ 42''$	$184^\circ\ 26'\ 36''$	$383^\circ\ 33'\ 21''$
4	$93^\circ\ 15'\ 8''$	$348^\circ\ 52'\ 56''$	$245^\circ\ 55'\ 28''$	$511^\circ\ 24'\ 28''$
5	$116^\circ\ 33'\ 55''$	$436^\circ\ 6'\ 10''$	$307^\circ\ 24'\ 20''$	$639^\circ\ 15'\ 35''$
6	$139^\circ\ 52'\ 42''$	$523^\circ\ 19'\ 24''$	$368^\circ\ 53'\ 12''$	$767^\circ\ 6'\ 42''$
7	$163^\circ\ 11'\ 29''$	$610^\circ\ 32'\ 38''$	$430^\circ\ 22'\ 4''$	$894^\circ\ 57'\ 49''$
8	$186^\circ\ 30'\ 16''$	$697^\circ\ 45'\ 52''$	$491^\circ\ 50'\ 56''$	$1022^\circ\ 48'\ 56''$
9	$209^\circ\ 49'\ 3''$	$784^\circ\ 59'\ 6''$	$553^\circ\ 19'\ 48''$	$1150^\circ\ 40'\ 3''$
10	$233^\circ\ 7'\ 50''$	$872^\circ\ 12'\ 20''$	$614^\circ\ 48'\ 40''$	$1278^\circ\ 31'\ 10''$

Voici maintenant le tableau des quotients :

Diviseurs.

1	23° 18′ 47″	87° 13′ 14″	61° 28′ 52″	127° 51′ 7″
2	11° 39′ 23″, 5	43° 36′ 37″	30° 44′ 26″	63° 55′ 33″, 5
3	7° 46′ 15″,67	29° 4′ 24″,67	20° 29′ 37″,33	42° 37′ 2″,33
4	5° 49′ 41″,75	21° 48′ 18″, 5	15° 22′ 13″	31° 57′ 46″,75
5	4° 39′ 45″, 4	17° 26′ 38″, 8	12° 17′ 46″, 4	25° 34′ 13″, 4
6	3° 53′ 7″,83	14° 32′ 12″,33	10° 14′ 48″,67	21° 18′ 31″,17
7	3° 19′ 49″,57	12° 27′ 36″,28	8° 46′ 58″,86	18° 15′ 52″,43
8	2° 54′ 50″,87	10° 54′ 9″,25	7° 41′ 6″, 5	15° 58′ 53″,37
9	2° 35′ 25″,22	9° 41′ 28″,22	6° 49′ 52″,44	14° 12′ 20″,78
10	2° 19′ 52″, 7	8° 43′ 19″, 4	6° 8′ 53″, 2	12° 47′ 6″, 7

5. Il suffit de réduire les deux angles en secondes, et de diviser le premier nombre par le second ; on a ainsi :

$$161° 15′ 19″ = 580519″ ;$$
$$24° 55′ 20″ = 89720″ ;$$

le rapport du premier angle au second est $\dfrac{580519}{89720} = 6\dfrac{42199}{89720}$.

6. L'angle droit vaut $60′ \times 90 = 5400′$, ou encore $60″ \times 60 \times 90 = 324000″$. Il suffit alors de réduire les angles donnés en minutes ou en secondes, et de chercher le rapport de chacun d'eux à l'angle droit. On a ainsi :

Angles donnés.	*Rapport à l'angle droit.*
$15° 17′ 28″ = 55048″$	$\dfrac{55048}{324000} = \dfrac{6881}{40500}$
$37° 15′ 10″ = 14230″$	$\dfrac{14230}{324000} = \dfrac{1423}{32400}$
$79° 24′\ = 4764′$	$\dfrac{4764}{5400} = \dfrac{397}{450}$
$120° 30′\ = 7230′$	$\dfrac{7230}{5400} = \dfrac{241}{180} = 1\dfrac{61}{180}$
$0° 40′ 25″ = 2425″$	$\dfrac{2425}{324000} = \dfrac{97}{12960}$

7. La somme des deux angles est 150° 17′ 16″ ; en la retranchant de 2 angles droits ou 180°, on aura le troisième angle, qui est alors 29° 42′ 44″.

8. La somme des trois angles donnés est 220° 44′ ; en la retranchant de 4 droits ou 360°, on aura le quatrième angle, qui est alors 139° 16′.

9. De 180°, je retranche l'angle connu, ce qui donne

110° 41′ 9″ ; chacun des autres est la moitié de cette quantité, ou 55° 20′ 34″,5.

10. La différence des temps étant d'une heure pour 15° de différence dans les longitudes, elle sera d'une minute ou d'une seconde de temps pour 15′ ou 15″ de différence dans les longitudes. Cela posé, la longitude de Brest étant inférieure à 15°, la différence des heures de Paris et de Brest est moindre qu'une heure ; je réduis alors la longitude en minutes, ce qui donne 409′ 42″ ; en divisant 409 par 15, j'ai pour quotient 27 et pour reste 4 ; donc la différence des heures comprendra d'abord 27 minutes ; il reste encore 4′ 42″ ou 282″, qui correspondent à une différence dans les temps de $\dfrac{282^{s}}{15} = 18^{s},8$. Comme Paris est à l'est de Brest, il est midi 27 minutes 18^{s},8 à Paris, quand il est midi à Brest.

11. 10° 7′ = 607′, qui correspondent à 40 minutes de temps, et il reste 7′ ; 7′ 3″ = 423″, qui correspondent à 28^{s},2 ; donc l'heure de Rome avance sur celle de Paris de 40^{m} 28^{s},2.

12. Il suffit de multiplier la différence des heures par 15 pour transformer les heures, les minutes et les secondes de temps en degrés, minutes et secondes. On obtient ainsi 2° 20′ 9″,45 pour la différence de longitude des deux observatoires.

CHAPITRE II.

MESURE DES AIRES.

1 La superficie du champ en mètres carrés est $362 \times 142 = 51404$ mètres carrés ; ou bien 5^{ha} 14^{a} 4^{ca}.

2. J'exprime la superficie en mètres carrés pour que les unités d'aire et de longueur se correspondent ; puis je divise l'aire par la longueur, ce qui donne pour la largeur,

$$\frac{1528}{46,80} = 32^{m},65,$$

à 0^{m},01 près par excès.

3. 18 pieds équivalent à 3 toises, ou à 1^{m},94904 $\times$ 3 = 5^{m},84712 ; alors la superficie de la perche est égale à

$$5,84712^{2} = 34^{mq},18881 22944,$$

ou simplement 34^{mq},1888, à un centimètre carré près. L'arpent qui vaut 100 perches vaudra alors 3418^{mq},88, ou 34^{a} 18^{ca},88.

4. L'aire de la chambre est $6{,}75 \times 5{,}24 = 35^{mq}{,}37$; la superficie d'une planche de sapin est $1{,}92 \times 0{,}1 = 0^{mq}{,}192$; il n'y a plus qu'à chercher combien de fois cette aire est contenue dans la première, c'est-à-dire à diviser $35{.}37$ par $0{,}192$, ce qui donne plus de 184 et moins de 185 planches.

5. L'aire d'un carreau est $0{.}144^2 = 0^{mq}{,}020736$; le nombre des carreaux s'obtiendra en divisant $23{,}725$ par $0{,}020736$, ce qui donne plus de 1144 et moins de 1145 carreaux.

6. La superficie du toit est $14 \times 6{,}25 \times 2 = 175$ mètres carrés ; celle d'une tuile est $0{,}25 \times 0{,}17 = 0^{mq}{,}0425$; les $\dfrac{3}{5}$ de cette surface étant perdus, il n'en reste que les $\dfrac{2}{5}$, soit $0^{mq}{,}0425 \times \dfrac{2}{5} = 0^{mq}{,}017$. Pour avoir le nombre de tuiles, il faut diviser.175 par $0{,}017$, ce qui donne plus de 10294 et moins de 10295 tuiles.

7. La superficie à recouvrir de papier est $2{,}90 \times 21 = 60^{mq}{,}9$; la surface utile d'un rouleau de papier est $8 \times 0{,}48 = 3^{mq}{,}84$; il faudra donc autant de rouleaux que de fois $3{,}84$ est contenu dans $60{,}9$; en faisant la division, on trouve 15 rouleaux et $\dfrac{330}{384}$ de rouleau ; cette fraction de rouleau réduite en mètres donne $\dfrac{8^m \times 330}{384} = 6^m{,}875$. On devra donc employer 16 rouleaux, et il restera $1^m{,}125$ de papier.

8. Les dimensions du rectangle consacré à la culture sont
$$23^m{,}50 - 0^m{,}80 - 1^m{,}05 = 21^m{,}65 ;$$
$$48^m{,}60 - 0^m{,}80 - 1^m{,}05 = 46^m{,}75 ;$$
donc la superficie de ce rectangle est
$$31{,}65 \times 46{,}75 = 1012^{mq}{,}1375.$$

9. La superficie du terrain vendu est $21{,}75^2 = 473^{mq}{,}0625$, et le prix de ce terrain est égal à $118^f \times 473{,}0625 = 55821^f{,}375$. D'autre part, les quatre triangles rectangles enlevés équivalent à deux carrés de 2 mètres de côté ou à 8 mètres carrés ; donc la superficie bâtie est de $473^{mq}{,}0625 - 8^{mq} = 465^{mq}{,}0625$; et le prix réel du mètre carré de terrain sera $\dfrac{55821^f{,}375}{465{,}0625} = 120^f{,}03$, à $0^f{,}01$ près par excès.

10. En diminuant la hauteur de 2 mètres sans changer la base, on enlève un rectangle dont la hauteur est de 2 mètres, et la surface de ce rectangle est de 16 mètres carrés ; donc sa base est égale à 16 : 2 ou 8 mètres. Cette base étant la même que celle du rectangle donné dont la surface est égale à 96 mètres carrés, la hauteur de ce dernier rectangle est égale à 96 : 8 ou à 12 mètres.

11. La base du rectangle est $624^m \times \frac{4}{5}$; donc l'aire est

$$624 \times 624 \times \frac{4}{5} = 624^2 \times \frac{4}{5} = 311500^{mq},8.$$

12. $\dfrac{167 + 216}{2} \times 68,50 = 13117^{mq},75 = 1^{ha}\ 31^a\ 17^{ca},75.$

13. La hauteur des trapèzes et des triangles étant la même, il faut faire la demi-somme des bases des trapèzes et des triangles, et multiplier cette demi-somme par la hauteur commune. La surface du toit est donc égale à

$$\frac{18,20 + 3,60 + 14,60 + 18,20 + 3,60 + 14,60}{2} \times 2,55$$
$$= 36,40 \times 2,55 = 92^{mq},82.$$

14. La surface d'une feuille de parquet est $0,68 \times 12 = 0^{mq},0816$; pour connaître le nombre des feuilles, il faut diviser 39 par 0,0816, ce qui donne plus de 477 et moins de 478 feuilles.

15. La demi-somme des bases du trapèze est égale à $\dfrac{128}{7,45}$; la somme des bases est le double de ce nombre, ou $\dfrac{256}{7,45}$; et par conséquent la longueur de la base inconnue est

$$\frac{256^m}{7,45} - 3^m,25 = 31^m,11,$$

à $0^m,01$ près par défaut.

16. La superficie de toutes les feuilles de zinc réunies, exprimée en décimètres carrés, sera

$$6,9 \times 3,3 \times 25 = 569^{dq},25 ;$$

leur poids ou le poids du tuyau sera

$$72^{gr} \times 569,25 = 40986^{gr} = 40^{kg},986.$$

17. $\dfrac{36,70 \times 48,30}{2} + \dfrac{49,50 \times 60,50}{2} + \dfrac{49,50 \times 48,20}{2}$

$= 3576^{mq},63.$

18. Le quadrilatère est la somme de deux triangles qui ont pour base commune la diagonale dont la longueur est égale à 85ᵐ,18, et dont les hauteurs ont pour longueurs respectives 50ᵐ,25 et 47ᵐ,80. La somme des aires de ces triangles a pour mesure le produit de la base commune par la demi-somme des hauteurs, ou

$$85,18 \times \frac{98,05}{2} = 4175^{mq},9495.$$

19. Il suffit d'ajouter les aires de tous les triangles et de tous les trapèzes

1ᵉʳ triangle $\dfrac{19,20 \times 11,40}{2}$, ou 109ᵐ۹,44

1ᵉʳ trapèze $\dfrac{19,20 + 24,48}{2} \times 18,75$, ou. . . 409ᵐ۹,5

2ᵉ trapèze $\dfrac{24,48 + 9,56}{2} \times 16,22$, ou . . . 276ᵐ۹,0644

2ᵉ triangle $\dfrac{9,56 \times 2,88}{2}$, ou 13ᵐ۹,7664

3ᵉ triangle $\dfrac{20,53 \times 17,50}{2}$, ou 179ᵐ۹,6375

3ᵉ trapèze $\dfrac{20,53 + 21,08}{2} \times 19,40$, ou. . . 403ᵐ۹,617

4ᵉ triangle $\dfrac{21,08 \times 12,35}{2}$, ou 130ᵐ۹,169

Total. . . . . 1522ᵐ۹,1943.

20. $3,20^2 \times 3,1416 = 32^{mq},1700$, à un centimètre carré près par excès.

21. Le cercle formé par le bassin et la ceinture de gazon a un rayon de $\dfrac{4^m,50}{3} + 0^m,40 = 2^m,65$; donc sa surface est égale à $2,65^2 \times 3,1416 = 22^{mq},0619$, à un centimètre carré près par excès. Alors la surface cultivée du jardin est

$$60 \times 52 - 214^{mq} - 22^{mq},0619 = 2883^{mq},9381.$$

22. L'aire du disque, exprimée en décimètres carrés, est $1,6^2 \times 3,1416 = 8^{dq},0425$, à un millimètre carré près par excès ; le poids de ce disque sera alors $134^{gr},25 \times 8,0425 = 1079^{gr},705$ à un milligramme près par défaut.

23 (1). Sur une longueur de 0ᵐ,567 ou 567 millimètres, on

(1) Au lieu des nombres 0ᵐ,504 et 0ᵐ,63 qui sont dans l'énoncé, il faut lire 0ᵐ,567 et 0ᵐ,756.

pourra ranger autant de pièces de 2 francs que de fois 27 est contenu dans 567, c'est-à-dire 21 pièces ; et le long de l'autre côté du tiroir, on en pourra ranger $\dfrac{756}{27} = 28$; alors le nombre total des pièces de 2 francs qu'on pourra placer au fond du tiroir sera $21 \times 28 = 588$. Cela posé, la surface d'une pièce de 2 francs est, en millimètres carrés, $13,5^2 \times 3,1416$, et la surface totale recouverte par les 588 pièces de 2 francs sera $588 \times 13,5^2 \times 3,1416 = 107163^{mmq} \times 3,1416 = 336663^{mmq},28$.

24. Le même raisonnement montre que le nombre des pièces de 20 francs qu'on peut ranger dans le fond du tiroir est $\dfrac{567}{21} \times \dfrac{756}{21} = 27 \times 36 = 972$. La surface de l'une de ces pièces est, en millimètres carrés, $10,5^2 \times 3,1416$, et la surface totale recouverte par les 972 pièces est $972 \times 10,5^2 \times 3,1416 = 107163^{mmq} \times 3,1416$; et l'on voit que cette aire totale est la même que dans l'exercice précédent.

25. $\dfrac{11,60}{2} \times \dfrac{8,90}{2} \times 3,1416 = 81^{mq},0847$, à un centimètre carré près par excès.

26. $\sqrt{261,939} = 16^m,18$, à $0^m,01$ près.

27. L'aire de ce rectangle est égale aux $\dfrac{4}{5}$ du carré de la hauteur, et comme sa valeur est égale à 947 mètres carrés, le carré de la hauteur est égal à

$$947 : \frac{4}{5} = \frac{4735}{4} = 1183,75 \; ;$$

donc la hauteur est égale à $\sqrt{1183,75} = 34^m,406$, à $0^m,001$ près par excès, et la base vaut les $\dfrac{4}{5}$ de ce nombre, ou $27^m,524$, à $0^m,001$ près par défaut.

28. En mètres carrés, l'aire de ce cercle est égale à 45000 m. carrés ; en divisant ce nombre par π, on aura le carré du rayon ; et on obtiendra par conséquent le rayon en extrayant la racine carrée du quotient ; on trouve ainsi :

$$\sqrt{\frac{45000}{3,1416}} = \sqrt{14323} = 120 \text{ mètres,}$$

à 1 mètre près par excès.

CHAPITRE III.

DES POLYÈDRES.

Pas d'exercices.

——————

CHAPITRE IV.

MESURE DES VOLUMES ET DES SURFACES DES CORPS.

1. Le volume du blé, en mètres cubes, est
$$4,10 \times 3,45 \times 0,80 = 11^{mc},316 ;$$
par suite le nombre d'hectolitres sera $113^{hl},16$, et le prix du blé,
$$18^f,50 \times 113,16 = 2093^f,46.$$

2. $\dfrac{24,30 \times 7,50 \times 3,90}{15} = 47$ élèves, à une unité près par défaut.

3. Le volume en mètres cubes est
$$5,80 \times 0,65 \times 0,57 = 2^{mc},1489 = 2^{st},1489 ;$$
le poids de la poutre en tonnes sera
$$2^t,1489 \times 0,93 = 1^t,998477,$$
soit 1998 kilogrammes environ.

4. Le volume de la barre en décimètres cubes est $\dfrac{33,54}{7,8}$, ce même volume rapporté au centimètre cube sera $\dfrac{33540^{cc}}{7,8}$; d'ailleurs il est égal au produit des trois dimensions de la barre ; donc la troisième dimension s'obtiendra en divisant le volume par le produit des deux autres dimensions, ce qui donne ici
$$\frac{33540}{7,8 \times 6 \times 2} = 358^c,3 = 3^m,583,$$
à $0^m,001$ près par défaut.

5. Le volume du plomb rapporté au décimètre cube est $\dfrac{735^{dc}}{11,35}$; mais ce volume s'obtient en multipliant la surface de la feuille par son épaisseur qui est $0^d,01$; donc la surface de la feuille se calculera en divisant le volume par $0,01$, ce qui donne

$$\frac{735}{11,35 \times 0,01} = 6475^{dq},7709 = 64^{mq},757709,$$

à un millimètre carré près par défaut.

6. Le volume d'une plaque d'un mètre carré est, en décimètres cubes, $100 \times 0,05 = 5$ décimètres cubes ; son poids est donc $5^{Kg} \times 7,8 = 39$ kilog.

7. Le volume d'une brique en mètres cubes est $0,22 \times 0,11 \times 0,055 = 0^{mc},001331$; pour tenir compte du volume du mortier, il faut augmenter ce nombre de son 30e, c'est-à-dire en prendre les $\dfrac{31}{30}$, ce qui donne $\dfrac{0^{mc},001331 \times 31}{30}$; enfin pour avoir le nombre de briques, il faut diviser le volume total du mur, 18 mètres cubes, par le volume d'une brique, ce qui donne

$$18 : \frac{0,001331 \times 31}{30} = \frac{18 \times 30}{0,001331 \times 31} = 13087,$$

à une brique près.

8. Le volume d'une brique est $0,26 \times 0,14 \times 0,06 = 0^{mc},002184$; les 1500 briques qu'on fabrique en un jour auront un volume de $0^{mc},002184 \times 1500 = 3^{mc},276$; leur poids sera donc

$$2170^{Kg} \times 3,276 = 7108^{Kg},92.$$

9. La surface d'un cube se composant de 6 carrés égaux, la surface de l'un d'eux est égale à $\dfrac{96^{dq}}{6} = 16$ décimètres carrés, le côté de ce carré ou le côté du cube vaut donc $\sqrt{16} = 4$ décimètres ; par suite le volume du cube est égal à $4^3 = 64$ décimètres cubes.

10. Le côté d'une face extérieure du cube est égal à $\sqrt{31,25} = 5^{dm},5$; celui du cube intérieur est plus petit de 6 centimètres ; il est donc égal à $5^{dm},5 - 0^{dm},6 = 4^{dm},9$; et son volume est égal à $4,9^3 = 117^{dmc},649$.

11. Le volume du cube intérieur est égal à $2^l,75$, ou à $2^{dmc},75$; son côté est la racine cubique de ce nombre, ou

$1^{dm},401$, à $0^{dm},001$ près. Celui du cube extérieur est égal à $1^{dm},401 + 0^{dm},008 \times 2 = 1^{dm},417$. Le volume du cube extérieur est donc $1,417^3 = 2^{dmc},845178713$; la différence des volumes des deux cubes, ou le volume de la tôle est

$$2^{dmc},845178713 - 2^{dmc},75 = 0^{dmc},095178713 ;$$

par conséquent le poids de cette tôle sera enfin

$$0^{kg},095178713 \times 7,8 = 0^{kg},7423939614,$$

ou simplement

$$742^{gr},394, \text{ à } 0^{gr},001 \text{ près par excès.}$$

12. Ce mur est un prisme dont la base est un trapèze, et dont la hauteur est égale à $24^m,60$; le trapèze a des bases égales à $1^m,75$ et $0^m,90$, et une hauteur de $12^m,50$. Le volume de la maçonnerie est donc

$$\frac{1,75 + 0,90}{2} \times 12,50 \times 24,60 = 407^{mc},4375.$$

13. Il faut que le poids de l'eau déplacée soit égal au poids du corps flottant ; or, l'eau déplacée a la forme d'un prisme ayant un décimètre carré de base et 5 centimètres de hauteur ; le volume de cette eau est donc $1^{dmq} \times 0^{dm},5 = 0^{dmc},5$, et son poids est $0^{kg},5$. Or le poids du cube de chêne plein est $0^{kg},8$; donc le poids qu'il faut enlever pèse $0^{kg},8 - 0^{kg},5 = 0^{kg},3$, et son volume est $\dfrac{0^{dmc},3}{0,8} = 0^{dmc},375$. D'ailleurs ce volume a la forme d'un cube ; donc le côté de ce cube est égal à $\sqrt[3]{0,375} = 0^{dm},7211 = 72^{mm},11$, à $0^{mm},01$ près par défaut.

14. Le poids total de la glace devant être le même que celui de l'eau déplacée, il en résulte que la partie du bloc qui émerge au-dessus de l'eau a un poids égal à l'excès du poids de l'eau déplacée sur le poids de la glace immergée. Pour fixer les idées, je suppose que la base du parallélipipède soit égale à 1 mètre carré ; alors le volume du bloc de glace extérieur sera égal à $1 \times 0,50 = 0^{mc},50$, et son poids à $1^t \times 0,50 \times 0,918 = 0^t,459$; d'autre part, la différence des poids de l'eau déplacée et de la glace immergée qui ont le même volume sera égale au produit de ce volume par la différence des densités, c'est-à-dire par $1,026 - 0,918 = 0,108$; d'ailleurs ce poids est égal à $0^t,459$; donc le volume est égal à $\dfrac{0^{mc},459}{0,108}$, et en divisant ce volume par la base qui est 1 mètre carré, on aura la hauteur du bloc immergé, qui est par conséquent $\dfrac{0^m,459}{0,108} = 4^m,25$.

La hauteur totale du parallélipipède de glace sera donc enfin $4^m,25 + 0^m,50 = 4^m,75$.

15. Le poids de cette pièce est de 25 grammes ; son volume est donc $\dfrac{25^{cc}}{10,47}$; d'autre part, cette pièce est un cylindre dont le rayon est $\dfrac{3^c,7}{2} = 1^c,85$; la surface de cette base, exprimée en centimètres carrés est $1,85^2 \times \pi$; donc la hauteur du cylindre, ou l'épaisseur de la pièce est

$$\frac{25}{10,47 \times 1,85^2 \times \pi} = 0^c,222 = 2^{mm},22,$$

à $0^{mm},01$ près par défaut.

16. Le poids du mur en kilogrammes est

$$1000^{kg} \times 8 \times 12,50 \times 0,50 \times 1,9 = 95000 \text{ kilog. ;}$$

les sections des trois colonnes de fonte réunies devront renfermer autant de millimètres carrés que de fois ce poids de 95000 kilogr. contient 12 kilogr., c'est-à-dire $\dfrac{95000 \text{ mm.q.}}{12}$; la section de chaque colonne sera donc le tiers de ce nombre ou $\dfrac{95000 \text{ mm.q.}}{36} = 2639$ millimètres carrés, à un millimètre carré près par excès. Si les colonnes sont cylindriques, cette surface est celle d'un cercle ; le carré du rayon de ce cercle sera égal à $\dfrac{2639}{\pi}$, et le rayon lui-même à

$$\sqrt{\frac{2639}{\pi}} = 28^{mm},99,$$

ou plus simplement à 29 millimètres ; le diamètre de chaque colonne devra donc être au moins égal à 58 millimètres pour supporter le poids du mur.

17. Le volume du fil est $\dfrac{387 \text{ c.c.}}{23}$, et sa longueur est de 560 mètres ou 56000 centimètres ; donc l'aire de sa section, en centimètres carrés sera $\dfrac{387}{56000 \times 23}$; cette section est un cercle dont le rayon a alors pour valeur en centimètres

$$\sqrt{\frac{387}{56000 \times 23 \times \pi}} = \sqrt{0,00009564} = 0^c,00978 ;$$

le diamètre de ce fil est donc égal à $0^c,00978 \times 2$ ou à $0^c,01956$, ou simplement $0^{mm},2$, à $0^{mm},01$ près par excès.

18. Ce volume est la différence de deux cylindres qui ont tous les deux $4^m,75$ de hauteur, et dont les bases ont pour rayons, l'une $0^m,62$, l'autre $0^m,62 + 0^m35$ ou $0^m,97$. Les volumes de ces deux cylindres sont :

$$0,97^2 \times \pi \times 4,75 \quad \text{et} \quad 0,62^2 \times \pi \times 4,75 \, ;$$

leur différence s'obtiendra en retranchant $0,62^2$ de $0,97^2$ et multipliant le nombre trouvé par $\pi \times 4,75$, ce qui donne

$$0,5565 \times 3,1416 \times 4,75 = 8^{mc},304,$$

à un décimètre cube près par défaut.

19. Le volume s'obtient comme dans l'exercice précédent ; les rayons des deux cylindres sont $0^{dm},68$ et $0^{dm},5$; la différence des carrés de ces rayons est $0,2124$, et le volume du tuyau est, en décimètres cubes,

$$0,2124 \times 3,1416 \times 22,5 = 15^{dmc},0137 \, ;$$

alors son poids est

$$15^{Kg},0137 \times 7,2 = 108^{Kg},099,$$

à 1 gramme près par excès.

20. Pour simplifier le raisonnement, je supposerai que les deux cylindres de fer et de platine placés bout à bout aient une section de 1 centimètre carré, et une longueur totale de 1 mètre ou 100 centimètres. Le volume total sera de 100 centimètres cubes, et le poids de $100^{gr} \times 13,596 = 1359^{gr},6$. Cela posé si le cylindre était tout entier en platine, son poids serait $100^{gr} \times 2300 = 2300$ grammes ; il serait donc trop fort de $2300^{gr} - 1359^{gr},6 = 940^{gr},4$; si l'on détache de ce cylindre de platine une longueur d'un centimètre, ayant par conséquent un volume d'un centimètre cube, et qu'on la remplace par un morceau de fer égal, le poids diminuera de $23^{gr} - 7^{gr},8 = 15^{gr},2$. Donc, pour que le poids diminue de $940^{gr},4$, il faudra remplacer par du fer une longueur de platine égale à $\dfrac{940,4}{15,2}$ centimètres. Un raisonnement tout pareil ferait voir que la longueur du platine serait de $\dfrac{579,6}{15,2}$ centimètres. Donc le rapport de la longueur du cylindre de fer à celle du cylindre de platine est

$$\frac{940,4}{15,2} : \frac{579,6}{15,2} = \frac{9404}{5796} = \frac{2351}{1449} \, .$$

21. Le volume du cône en mètres cubes sera

$$\frac{1}{3} \; 1{,}3^2 \times \pi \times 2{,}6 = 4^{mc}{,}6014,$$

à $0^{mc}{,}0001$ près par excès ; le volume total du réservoir devant être de 340 hectolitres, ou 34 mètres cubes, le volume du cylindre sera $34^{mc} - 4^{mc}{,}6014 = 29^{mc}{,}3986$; mais l'aire de la base de ce cylindre a pour mesure $1{,}3^2 \times \pi$; donc la hauteur sera égale à

$$\frac{29{,}3986}{1{,}3^2 \times \pi} = 5^m{,}54,$$

à $0^m{,}01$ près par excès.

22. $\qquad \dfrac{1}{3} \; 0{,}265^2 \times 3{,}1416 \times 1{,}26 = 0^{mc}{,}060993,$

à un centimètre cube près par excès.

23. On peut regarder le volume de l'or qui recouvre la boule comme ayant pour mesure la superficie de cette boule multipliée par l'épaisseur de la feuille d'or ; ce volume, exprimé en centimètres cubes, sera alors

$$10^2 \times 3{,}1416 \times 4 \times 0{,}01 = 12^{cc}{,}5664 ;$$

le poids de cet or en grammes est

$$12^{gr}{,}5664 \times 19{,}36 = 243^{gr}{,}285,$$

à un milligramme près par défaut.

24. Le poids d'un grain de plomb est $0^{gr}{,}00526$, et son volume en centimètres cubes est $\dfrac{0^{cc}{,}00526}{11{,}35}$; ce volume a pour expression $\dfrac{4}{3} R^3 \times \pi$; donc si on le divise par $\dfrac{4}{3}\pi$, on aura le cube du rayon ; par conséquent,

$$R^3 = \frac{0{,}00526}{11{,}35} : \frac{4}{3}\pi = \frac{0{,}00526 \times 3}{11{,}35 \times 4 \times \pi} ;$$

$$\text{et} \qquad R = \sqrt[3]{\frac{0{,}00526 \times 3}{11{,}35 \times 4 \times \pi}} = 0^c{,}048 = 0^{mm}{,}48,$$

à $0^{mm}{,}01$ près ; le diamètre d'un de ces grains est donc

$$0^{mm}{,}48 \times 2 = 0^{mm}{,}96.$$

25. Le rayon du ballon est donné par la formule

$$R^3 = \frac{523 \times 3}{4\pi} ; \quad R = \sqrt[3]{\frac{523 \times 3}{4\pi}} = 4^m{,}998 ;$$

la surface du taffetas nécessaire pour fabriquer ce ballon est égale à

$$4R^2 \times \pi = 313^{mq},91,$$

à un décimètre carré près.

26. La longueur du cylindre est égale à $4^m,15 - 0^m,72 \times 2 = 2^m,71$; alors le volume de la chaudière sera

$$0,72^2 \times \pi \times 2,71 + \frac{4}{3} \cdot 0,72^3 \times \pi,$$

ou bien

$$0,72^2 \times \pi \times \left(2,71 + \frac{4}{3} \cdot 0,72\right);$$

ou encore

$$0,72^2 \times \pi \times 3,67 = 5^{mc},977,$$

à un décimètre cube près par excès.

27. Les trois formules en usage pour le jaugeage des tonneaux donnent les trois résultats suivants :

$$V = \pi \times 6,6 \times \left[2,8 - \frac{3}{8}\left(2,8 - 2,2\right)\right]^2 = 137^l,48,$$

$$V = \frac{1}{3}\pi \times 6,6 \times (2 \times 2,8^2 + 2,2^2) = 141^l,82.$$

$$V = 3,2 \times 2,8 \times 2,2 \times 6,6 = 130^l,10.$$

28. $\sqrt[3]{9,4} = 2^c,1$, à 1 millimètre près.

29. La première arête est les $\frac{3}{5}$ de la troisième, et la seconde arête est les $\frac{4}{5}$ de la troisième ; donc le produit des trois arêtes ou le volume du parallélipipède est égal au cube de la troisième arête multiplié par $\frac{3}{5} \times \frac{4}{5}$, c'est à-dire aux $\frac{12}{25}$ du cube de la troisième arête ; mais ce volume est égal à $52^{dmc},68$; donc le cube de la troisième arête vaut

$$52,68 : \frac{12}{25} = 109,75 ;$$

la troisième arête est donc égale à

$$\sqrt[3]{109,75} = 4^{dm},788,$$

à $0^{mm},1$ près par excès. La première arête vaut alors

$$4^{dm},788 \times \frac{3}{5} = 2^{dm},873.$$

et la deuxième arête vaut

$$4^{dm},788 \times \frac{4}{5} = 3^{dm},830.$$

Le volume du parallélipipède est alors

$$4,788 \times 2,873 \times 3,830 = 52^{dmc},68518892,$$

nombre qui diffère peu du nombre donné 52,68.

30. Le volume de cette sphère est égal à $\dfrac{1\ dm.c.}{19,26}$, donc le cube de son rayon est égal à

$$\frac{1\ dm.c.}{19,26} : \frac{4}{3}\pi = \frac{1 \times 3}{19,26 \times 4 \times \pi} = 0,012370425 \ ;$$

par suite le rayon est égal à

$$\sqrt[3]{0,012370425} = 0^{dm},231,$$

à $0^{mm},1$ près.

31. L'aire de la base est égale au carré du rayon multiplié par π ; la hauteur est égale à 4 fois le rayon ; donc le volume, qui est 1 décimètre cube, est égal au cube du rayon multiplié par 4π ; par suite, le cube du rayon est égal à $\dfrac{1}{4\pi}$, et le rayon lui-même vaut

$$\sqrt[3]{\frac{1}{4\pi}} = 0^{dm},430 \ ;$$

par suite le diamètre est égal à 86 millimètres, et la hauteur à 172 millimètres.

32. Un raisonnement analogue à celui de l'exercice précédent montre que le rayon aura pour valeur

$$\sqrt[3]{\frac{1}{2\pi}} = 0^{dm},542 \ ;$$

donc le diamètre et la hauteur valent l'un et l'autre 108 millimètres environ.

TABLE DES MATIÈRES

LIVRE I.

Nombres entiers.

LIVRE II.

Fractions ordinaires.

LIVRE III.

Nombres décimaux.

LIVRE IV.

Système métrique.

LIVRE V.

Applications de l'arithmétique.

LIVRE VI.

Des racines.

LIVRE VII.

Mesure des aires et des volumes.

FIN DE LA TABLE DES MATIÈRES.

Abbeville. — Imp. Briez, C. Paillart et Retaux.

www.ingramcontent.com/pod-product-compliance
Lightning Source LLC
LaVergne TN
LVHW020535060726
842525LV00004B/1203